U0196731

果树嫁接

75法

GUOSHU JIAJIE 75FA
CAITU XIANGJIE

彩图
详解

于新刚◎编著

化学工业出版社

·北京·

内容简介

本书从果树嫁接的意义、愈合及成活的原理以及影响嫁接成活的因子入手，对果树嫁接时期，砧木培育，接穗、嫁接工具和材料准备等，以及在果树、林木上采用的75种嫁接方法和近90种具体嫁接操作技术，做了较为详尽的描述，并对其中关键的操作步骤辅以200余幅高清图片。书中介绍的芽片插皮接①～③、镶芽接、改良切接②、单斜面榫接、三斜面榫接、绿枝单芽嵌接、绿枝插皮腹接、嫩梢插皮腹接等10种嫁接方法，系本书作者在30余年的教学、科研过程中独创。

全书贯彻为实际生产服务的原则，内容详细丰富，语言通俗易懂，图片清晰真实，技术先进实用，方法具体明确，具有较强的可操作性，对于目前及今后果树、林木嫁接及生产，具有重要的参考价值。

本书适合果树及园林嫁接技术爱好者、规模育苗大户、果树技术推广人员以及农林院校师生阅读和参考。

图书在版编目（CIP）数据

果树嫁接75法彩图详解 / 于新刚编著. —北京：
化学工业出版社，2023.2（2024.6重印）
ISBN 978-7-122-42608-6

Ⅰ.①果… Ⅱ.①于… Ⅲ.①果树-嫁接-图解
Ⅳ.①S660.4-64

中国版本图书馆CIP数据核字（2022）第230037号

责任编辑：张林爽
责任校对：刘曦阳　　　　　　　　　　装帧设计：溢思视觉设计／程超
　　　　　　　　　　　　　　　　　　E-mail: isstudio@126.com

出版发行：化学工业出版社（北京市东城区青年湖南街13号　邮政编码100011）
印　　装：涿州市般润文化传播有限公司
710mm×1000mm　1/16　印张9　字数119千字　2024年6月北京第1版第2次印刷

购书咨询：010-64518888　　　　　　　　售后服务：010-64518899
网　　址：http://www.cip.com.cn

定　　价：68.00元　　　　　　　　　　　　版权所有　违者必究

前言 Preface

嫁接就是人为地将一株植物上的枝条或芽等组织器官，接到另一株植物的枝、干或根等适当的部位上，使之愈合生长在一起，形成一个新的植株。

嫁接技术为我国首创。据考证，嫁接在我国有2000多年的应用历史。公元前一世纪，我国农学家氾胜之所著《氾胜之书》中，就有用嫁接方法生产大瓠的详细记载。北魏贾思勰的《齐民要术》对果树嫁接中砧木、接穗的选择，嫁接的时期以及如何保证嫁接成活和影响因素等就有细致描述，较欧洲一些国家关于果树嫁接的详细记载要早1000年左右。

嫁接具有方便、快捷、成活率高等优点，是目前果树苗木生产中广泛应用的方法，通过嫁接可以大量繁育性状基本一致的苗木，对果树生产意义重大。对于果树的优良品种可以通过嫁接大量繁育接穗，对果树优良品种的快速繁育、加快品种更新具有重要作用。果树通过嫁接不仅可以提高树体的抗性、促进树体矮化、实现早期丰产，而且可以充分利用野生资源，增加经济效益；在关键时刻挽救垂危大树、促进扦插成活、改良树体结构、提高授粉效果、削除亲和力障碍等方面都能彰显嫁接的独到之处。

本书在收集、整理我国及世界各国果树、林木嫁接方法的基础上，加之笔者独创的10种嫁接方法，编著而成。本书语言简练，通俗易懂，对75种不同的果树、林木嫁接方法和近90种具体嫁接应用技术，在用文字详尽描述的基础上，对部分内容和关键的操作技术辅以200余幅高清图片进行了直观展示。

在本书编写过程中，笔者所在单位青岛职业技术学院应用技术学院、莱西市职业中等专业学校，以及化学工业出版社等单位给予了大力支持和精心的指导，在此表示衷心的感谢。

因水平所限加之时间仓促，书中难免存在疏漏之处，恳请广大读者批评指正。

编著者

2022年9月于青岛莱西

目录 Contents

Chapter 1

第一章

概述

一、果树嫁接的意义

（一）果树嫁接的概念

果树嫁接就是人为地将一株果树上的枝条或芽等组织器官，接到另一株果树的枝、干或根等适当的部位上，使之愈合生长在一起，形成一个新的植株。这个枝条或芽称为接穗，通常形成树冠；承受接穗的植株称为砧木，通常形成根系。

（二）果树嫁接的意义

1. 繁殖苗木及接穗

嫁接具有方便、快捷、成活率高等优点，是目前果树苗木生产中广泛应用的方法，通过嫁接可以大量繁育优良性状基本一致的苗木，对果树生产意义重大。对于果树的优良品种可以通过嫁接大量繁育接穗，对果树优良品种的快速繁育具有重要作用。

2. 增强树体的抗性

通过嫁接可以利用砧木的乔化性、矮化性等特性以及抗寒、耐涝、抗旱、耐盐碱和抗病虫等优点，增强嫁接品种的适应性、抗逆性，并增强或抑制果树的生长势，有利于扩大果树的适宜栽培范围和栽植密度。如北方地区葡萄用贝达为砧木，可以增加其抗寒能力；梨用杜梨为砧木可以增加其耐盐碱力等。

3.加快品种更新

随着新的果树品种不断问世，果树品种需要不断更新，而重新定植新的苗木，费工费事，所需要的时间又较长。而用嫁接进行高接换头，翌年即可开花，仅仅需要2～3年的时间即可恢复原树产量，经济效益大。

4.实现早期丰产

无论什么果树，只要用种子繁殖，结果都比较晚。桃、杏需要3～4年，苹果、梨需要5年，核桃、板栗需要更长的年限才可以结果。这是由于果树的种子播种后，需要度过一定时间的童期，才进入开花结果期。从结果树上采集接穗，桃、杏嫁接的翌年，苹果、西洋梨、白梨大多数品种嫁接的第三年，砂梨大多数品种、苹果有的品种如泰山早霞、红肉苹果等嫁接后翌年即可结果，大大缩短了进入结果期所需时间，可以实现早期丰产，提高经济效益。

5.促进树体矮化

为达到简化省工的栽培效果，就应使果树树体生长矮小、紧凑，便于机械化操作，便于实施人工授粉、套袋等管理，也有利于提高产量和品质。利用矮化砧木嫁接，是使树体矮化的重要技术措施。

6.利用野生资源

我国各地都有丰富的果树野生资源，可以就地嫁接经济效益高的品种。如毛桃、山桃可以嫁接杏、油桃、李；山定子、海棠可以嫁接苹果；杜梨可以嫁接栽培品种梨；中国樱桃、酸樱桃可以嫁接欧洲甜樱桃；软枣可以嫁接甜柿；山里红可以嫁接山楂；枳壳可以嫁接柑橘；小板栗、毛栗子可以嫁接大板栗；黑胡桃、核桃楸可以嫁接核桃；酸枣可以嫁接大枣等。

7.挽救垂危大树

一些老树、大树的枝干，特别是根颈部位，受到病虫危害或兽害后，若不及时挽救，可能造成大树死亡。对此，可以利用桥接的方法，使上下树皮重新接通，从而挽救这些大树。

8. 促进扦插成活

有些优良葡萄品种，如黑色甜菜、藤稔等扦插难以生根，成活率低。培育这类苗木时，可以先将其枝条嫁接在容易生根的砧木上，沙藏后再扦插繁殖，可以大大提高其育苗成活率。

9. 改良树体结构

梨树等苗木定干后分枝较少，成龄后树体结构不是很理想，有的部位和方向缺枝。可以利用插皮腹接等枝接方法，在缺枝部位进行嫁接，改良树体结构。

10. 提高授粉效果

很多果树属于异花结实，需要不同品种进行异花授粉才能正常结果。但在实际生产中，许多果园建园时授粉品种配置不合理，致使产量低而不稳。可以在主栽品种上高接授粉品种，以改善授粉条件，提高产量和品质。

11. 消除亲和力障碍

榅桲是一种西洋梨的矮化砧木，但是有的西洋梨品种与榅桲嫁接亲和力差，嫁接不易成活。用故园、哈代等品种为中间过渡，嫁接在榅桲与西洋梨品种之间，成活率高，使榅桲矮化砧得以广泛的应用。

二、愈合及成活的原理

（一）形成层

形成层是位于韧皮部和木质部之间的一个圆筒状的细胞层，是一群薄层的幼嫩细胞。这个生长旺盛的形成层处在一个非常理想的位置，它从外侧韧皮部筛管的食物流中吸收营养，从内侧木质部导管中吸取水分和矿物质，因而分裂旺盛，向内产生木质部，向外产生韧皮部，使树木不断加长、加粗。在嫁接中，砧木和接穗形成层之间的紧密连接是嫁接成活的关键。

（二）愈合及成活原理

嫁接成活主要是砧木和接穗双方的形成层和薄壁组织细胞一起分裂，形成愈伤组织，使砧木和接穗彼此长在一起。其过程是当接穗和砧木接合后，两者的伤口表面受伤细胞形成一层薄膜，覆被着伤口，以后薄膜下的受伤细胞受到削伤刺激，分泌愈伤激素，刺激细胞内原生质活泼生长，使形成层和薄壁组织细胞旺盛分裂，生长柔软细胞，形成愈伤组织（图1-1）。

图1-1　愈伤组织

愈伤组织不断生长，填满砧木和接穗间的缝隙后，表面薄膜逐渐消失。由于砧木和接穗间的新生细胞紧密相连，才能使两者的营养物质由胞间连丝相互传导。输导组织临近的细胞也能分化成同型组织，产生出新的输导组织，这样砧木和接穗就相互连接，愈合成一个整体。这个过程在夏季需要10～15天，春季需要15～30天的时间。

砧木的根在土壤中吸收水分和矿质元素，沿木质部的导管上升，通过接合部输送到接穗，供给它制造营养物质；而接穗接受砧木输送的矿质原料转化为有机化合物，一方面满足自身生长需要，另一方面通过韧皮部的筛管向下输送，通过接合部到达砧木，供给根部用以生长发育，成为一株独立生活的新植株。

由此可见，形成层的活动对嫁接的愈合有着重要意义。嫁接愈合首先是砧木、接穗形成层的密接，其次是两者输导组织的形成。但是嫁接愈合成活的条件因树种的不同而有难易，凡是易产生愈伤组织的树种，嫁接就易成活。春季枝接时，苹果、梨等易产生愈伤组织，因此嫁接也易成活；而桃、大樱桃、杏、李等春季枝接成活率就稍低。含有单宁物质的核桃、柿等，以及髓部较大的葡萄等，愈合较为困难，所以春季枝接的成活率就不如苹果、梨等树种高。

形成层活动形成愈伤组织的能力与枝条的木质化程度也有一定的关系。如桃、大樱桃、杏、李、核桃、葡萄等春季枝接不易成活的树种，夏季芽接则成活率很高。

据观察，砧木与接穗结合后，尽管接合部的细胞群可以既包括砧木的，也包括接穗的，但砧木与接穗的细胞并没有真正的融合，而只是砧木与接穗细胞穿插结合。木质部成分横过接合线，排成连续的纵行，它们之间的结合仅仅是两种组织的交织和嵌合。

三、影响嫁接成活的因子

（一）亲和力

亲和力是指砧木与接穗经嫁接能愈合成活并正常生长发育的能力。具体是指砧木和接穗两者在内部组织结构、生理和遗传性上彼此相同或相近，从而相互结合在一起生长、发育的能力。所以，亲和力是影响嫁接成活最基本的因素。任何一个树种，不论采取那种嫁接方法，不管在什么条件下，砧木与接穗之间都必须具备一定的亲和力才能嫁接成活。亲和力高，则嫁接成活率高；亲和力低，则嫁接成活率低；不亲和则难以嫁接成活。嫁接亲和力根据其亲和表现有以下几种情况。

1. 亲和力强

嫁接后，接穗正常生长发育，接口愈合很好，经几年后只有根据砧木与接穗表皮结构和颜色的不同才能看出愈合的地方。砧木与接穗粗细一致，愈合点通常不形成树瘤。从树干解剖上看结合部，嫁接最初 2 ~ 3 年，年轮配置有错乱，以后很快趋于整齐。嫁接树体一般寿命较长。

2. 不亲和或亲和力低

嫁接后，不能愈合或愈合能力差，成活率低；或有的虽能愈合，但接芽不萌发；或虽能愈合，接芽也能萌发，但接口处有疙瘩，输导组织不畅通；或愈合的牢固性差，以后易断裂。

嫁接后，叶片黄化，叶片小而簇生，生长衰弱，甚至枯死；有的早期大量形成花芽，或果实发育不正常。

嫁接后，前期砧木与接穗接口上下生长不协调，有的大脚（图1-2），有的小脚（图1-3），也有的呈环缢现象。

嫁接后，前期接口一般愈合良好，生长正常，但以后陆续出现生长衰退的现象。具体表现为接合部出现瘤子，或接合部上下极不一致，并提前开花结果，生长速度下降，以致死亡。后期不亲和现象，多表现在同科不同属或同属不同种之间的嫁接。这种嫁接当时成活率很高，但以后衰弱以致死亡。如用梨为砧木嫁接苹果，第一年生长很好，第二年出现严重小脚现象，生长量显著减退。

图1-2　大脚现象

图1-3　小脚现象

（二）砧木接穗地理分布距离

有些试验表明，砧木与接穗在亲缘关系相似的情况下，地理分布接近的比距离远的亲和力高。如软枣在北方是嫁接柿子的良好砧木，山毛桃在黄河流域是嫁接桃树的良好砧木；但将软枣种在南方，将山毛桃种在长江流域，再用软枣嫁接柿子，用山毛桃嫁接桃树，则成活率降低。枫杨在我国嫁接核桃成活率很高，但引种到美国和很多核桃品种不亲和，这主要是由于适宜性的影响，也可能是不同地理分布的树木生理、生化也有所不同，因而影响了嫁接成活率。

（三）砧木与接穗的生活力和生理特性

春季嫁接时，砧木与接穗发育充实，贮存营养物质多时，嫁接后容易成活。所以，嫁接时砧木要选择生长健壮、适宜本地环境条件、根系发育良好且有一定抗性的种类，接穗也要从健壮、无病虫害的母树外围采取组织发育充实、芽眼饱满的枝条。夏季嫁接，笔者总结30余年的经验认为：砧木木质化，接穗半木质化，成活率最低；砧木木质化，接穗木质化，成活率一般；砧木半木质化，接穗半木质化，成活率较高。砧木半木质化，接穗木质化，成活率最高。

接穗与砧木的生活力是愈伤组织生长乃至嫁接成活的内因。一般地讲，砧木由于具有根系，本身是一个独立的单株，具有较强的生活力。接穗由于脱离母树，往往需要经过较长时间的运输和贮藏，很容易使生活力降低。新鲜或充实的枝条（发育枝）都具有较强的生活力，愈伤组织的生长量也较大。

另外，砧木与接穗的生理特性也影响着嫁接的成败。如砧木与接穗的根压不同，砧木根压高于接穗，生理正常；反之，则不能成活。这就可以解释有的组合正接容易成活，反接则不能成活的道理。笔者经过多年试验发现，将红富士苹果嫁接在圆叶海棠上，愈合良好，生长健壮；而将圆叶海棠反接在红富士苹果上，即使当年嫁接成活，愈合处也有疤结，第二年后长势很弱，甚至死亡。

（四）嫁接的极性

砧木与接穗都有其形态学上的顶端与基端，嫁接时接穗的形态学基端应插入砧木的形态学顶端，这种正确的极性关系对保障嫁接成活及以后的正常生长是非常重要的。在特殊情况下，如桥接时将接穗的极性倒置，即将接穗的形态学顶端向下进行嫁接，接穗与砧木虽能愈合并存活一定时期，但接穗不能进行正常的加粗生长。嫁接时，若将接穗倒置，多数情况下不能成活。

（五）外界环境条件

1. 温度

嫁接后，砧、穗间形成层的活动和愈伤组织的形成，只有在一定的温度条件下才能形成。温度过高或过低，都会影响愈伤组织形成的速度，甚至完全不长出愈伤组织。不同树种，愈伤组织形成的最适宜温度也不同。据国内外资料介绍，各种树木愈伤组织形成所需要的温度与该树种萌发所需的温度呈正比。如物候期早的大樱桃，所需温度较物候期晚的柿要低。一般情况下，温度在15℃以上时，愈伤组织生长很缓慢；在15 ~ 20℃时，愈伤组织生长加快；在20 ~ 30℃时，愈伤组织生长较快。大部分果树嫁接后，在25 ~ 28℃时愈伤组织生长最快。

在生产实践中，检测各个树种嫁接最适宜的温度的方法是将同等粗度的接穗下端削成马耳形的削面，分别放在盛有湿土的烧杯中，每个烧杯放3 ~ 5个接穗，用玻璃盖严杯口，以防止湿土干燥，影响愈伤组织的生长。然后将烧杯分别放在10℃、15℃、20℃、25℃、30℃、35℃、40℃七个恒温箱内。12天以后，每穗上切1cm的愈伤组织称重，其中接穗所长愈伤组织平均重最大值的温度，即是嫁接成活最适宜的温度。一般在这个温度（气温）到来前进行嫁接，成活率最高。胶东地区有经验的果农，普遍认为大部分果树的春季嫁接，以砧木萌动期为最适宜。

因此，在春季嫁接时，尽量将接穗嫁接在向阳处，以利提高接口处的温度；而夏季嫁接时，应尽量把接穗嫁接在背阴处，以降低接口处的温度。

2. 湿度

湿度对于果树嫁接后愈伤组织的形成影响较大，一般夏季嫁接需要10～15天、春季嫁接需要15～30天的时间，接合部的愈伤组织才能填满砧、穗接合部的缝隙。在这段时间内，砧、穗还没有完全连接好，各自进行独立的代谢活动。这段时间，若空气、土壤的湿度过大或过小，都会影响嫁接成活率。若湿度过小，蒸发强烈，接穗的含水量降低，形成层细胞停止活动，会导致接株枯死；若湿度过大，呈饱和状态，则造成土壤空气含量过低，易引起伤口腐烂，最终导致接株窒息而死。据试验，果桑嫁接时，接穗含水量在50%左右时，嫁接成活率最高；接穗含水量下降至34%以下时，嫁接不能成活。所以，接穗在运输和贮藏期间，一定要注意湿度，不能过干或过湿。

嫁接口也要保持一定的湿度，相对湿度达到95%以上，但不积水的状态下，有利于愈伤组织的产生。因此，嫁接时必须使嫁接口在湿润的环境条件下生长，嫁接后接口必须密闭绑缚，以防止水分的蒸发。

3. 空气

空气与愈伤组织的形成有密切关系，接口湿度过大，土壤含水量达到50%以上时，接口便不能长出愈伤组织。这是因为接穗组织缺乏空气，而失去生命力。砧、穗在切削后，接口在生长期间，需要进行强烈的代谢作用，吸收作用明显增强。如果接口被水或湿泥包围，导致空气不足，代谢作用受到抑制，其结果是长不出愈伤组织。

生长期在雨水多时或清晨砧木上沾有露水时嫁接，接口积水，也影响嫁接成活率。实际上砧、穗愈合所需空气量并不是很多，一般用塑料膜或塑料条包扎，并不会完全隔绝空气，愈伤组织能正常生长。

4.光照

光照与嫁接愈合关系很大。据观察，嫁接后在黑暗的条件下，愈伤组织生长速度很快（图1-4），比在光照条件下生长要快3倍以上，呈乳白色，很嫩，砧木与接穗很容易愈合。

图1-4　愈伤组织在黑暗条件下

而在光照条件下，愈伤组织少而硬，呈浅绿色（图1-5），接口不易愈合，主要依靠接口内不透光部分产生愈伤组织，因而使成活的机会和速度受到影响。在显微镜下观察，在黑暗条件下愈伤组织的细胞较大，排列疏松，处于分裂状态的细胞很多；而在光照条件下，愈伤组织细胞较小，排列紧密，处于分裂状态的细胞较少。如在高接有些树种时，用塑料膜包扎，再外套一层纸遮光，愈合快，成活率高。如在夏季芽接时，尽量将接穗嫁接在苗木的背阴处，也是提高成活率的技术措施之一。

图1-5　愈伤组织在光照条件下

　　需要说明的是，嫁接时砧木与接穗愈合不主要体现在表面。如果嫁接技术较好，枝接的砧、穗双方伤口接合严密，连接部位基本处于黑暗状态；芽接的形成层接触面基本都处于黑暗状态。当然，如果嫁接时用黑色薄膜包扎，效果会更好，只是目前一般生产上所用的黑膜，基本上都属于回收塑料加工，耐拉力不强，需要进一步改进。

5. 气象

　　在室外嫁接时，还要注意避开不良气候条件。如阴湿的低温天、大风天和雨雪天都不适宜嫁接。阴天、无风和湿度较大的天气最适宜进行嫁接。

（六）砧木与接穗的内含物与伤流

　　柿、核桃、板栗等树种的组织和器官中都含有较多的酚类物质，如单宁等。在嫁接操作过程中，切口处的细胞受到机械损伤，其内部的单宁物质遇到氧气，在多酚氧化酶的作用下发生氧化缩合反应，形成高分子的黑色缩合物，阻碍削面愈合。

　　核桃、葡萄、柿等树种在春季枝接时，常从砧木切口处不断流出树液，这叫伤流液（图1-6），影响嫁接成活。伤流液的成分不尽相同，一般含有糖类、氨基酸、酰胺、维生素及酚类物质。在砧木伤流液浓度较大的情况下，嫁接口长时间浸泡在伤流液中，湿度很大，不利于接合处细胞的呼吸，造成接口发黑或霉烂。同时单宁物质与构成原生质的蛋白质结合发生沉淀作用，使细胞内的原生质颗粒化，从而在接合面之间形成数层由这样的细胞所组成的隔离层，阻碍砧、穗双方的物质交流和愈合，降低成活率。

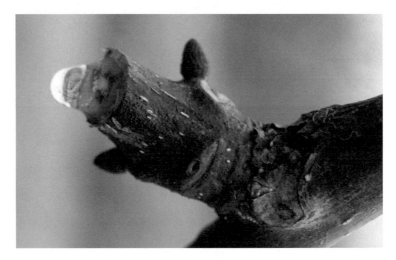

图1-6　核桃伤流液

实际生产中，葡萄春季枝接应避开伤流期，在伤流期前或伤流期后进行嫁接；核桃最好在展叶期进行嫁接，并在嫁接口以下用锯或刀开口，放出伤流液，俗称放水；柿应在嫁接前10天，距嫁接处留8～10cm平茬，并灌水，放出伤流液，使单宁等物质氧化；嫁接时再进行二次平茬，可以极大地提高嫁接成活率。

近年引进的红肉苹果的枝条内含有花青素，枝条削面与普通苹果差异明显，与普通海棠或一般苹果品种嫁接时，或由于受花青素等因素的影响，成活率不是很高；而红肉苹果之间相互嫁接，则成活率很高。据笔者试验，红肉苹果与小国光、脱毒嘎啦、脱毒烟富系列等有较高的嫁接成活率；与圆叶海棠亲和力较差，成活率很低；与八棱海棠、平邑甜茶等嫁接表现不是很稳定；与M9嫁接成活率虽高，但大脚病严重。

（七）操作技术

要求嫁接操作时具有熟练的嫁接技术，在正确的嫁接技术操作条件下，嫁接的速度越快，成活率也越高。具体嫁接操作时，务必做到以下几条（以春季枝接为例）。

1. 快速切削

砧木与接穗的切削操作要快速进行，不要犹豫不决。

2. 削面光滑

所选用的嫁接刀、修枝剪、刀锯要锋利，砧、穗的削面要平滑，不起毛（图1-7）。

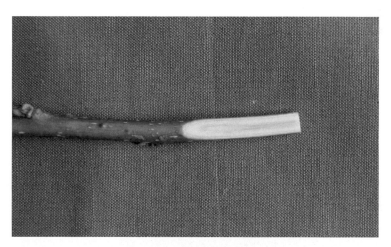

图1-7　削面平滑、不起毛

3. 快速插入

接穗要快速插入砧木，尽量缩短接穗在空气中的暴露时间。

4. 形成层齐

插入时，砧、穗的形成层一定要对齐（图1-8），砧、穗削面宽度不一致的，务必使一侧形成层对齐。

图1-8　形成层对齐

5.接触面大

砧、穗的接触面尽量要大（图1-9），尤其对于核桃、柿、大樱桃、板栗等嫁接成活率稍低的树种，尽量加大砧、穗的接触面积，以增大成活的概率。

图1-9　接触面大

6.露白

枝接的接穗插入不能过深，要适当露白（图1-10），接穗的切削面要露出砧木横切面0.5cm左右。这样处理，会使接穗伤口面的愈伤组织与砧木的愈伤组织相连接，伤口平滑，愈合牢固。如果不露白，接穗完全插入砧木，嫁接成活后会在接口下部长出疙瘩，砧木接口部分木质部死亡，愈合不牢固，以后易折断。

图1-10　露白

7.绑缚快速严密

绑缚一定要快速、严密，务必使嫁接口不透水、不透气。春季枝接后，薄膜内有水珠出现为正常（图1-11）；无水珠出现，则说明绑缚有缝隙，需要重新绑缚。

图1-11　绑缚后，薄膜内有水珠

（八）辅助技术措施

由于嫁接成活率主要决定于形成层的活动，国内外对能够促进形成层活动的技术进行相关研究。试验表明，用萘乙酸可以促进形成层的活动，使愈合过程加速，可以明显提高成活率。如苹果嫁接，将接穗末端用500mg/kg浓度的萘乙酸溶液浸泡24小时，对提高成活有显著的效果。

苹果、梨春季长梢枝接和多花芽嫁接，接穗采用蜡封处理的较对照，成活率可以提高15%以上。

据保加利亚资料介绍，用10%的蔗糖蒸馏水溶液处理核桃接穗的芽片，能明显提高嫁接成活率。

Chapter 2

第二章

果树嫁接前的准备

一、嫁接时期

选择嫁接的时期，对嫁接成活非常关键；嫁接过早，气温低，砧木树液尚未流动，愈合慢，成活率低；嫁接过晚，砧木已经发芽，多数树种易出现伤流，成活率也低。实践表明，大多数果树树种在砧木萌动期进行嫁接，成活率较为稳定。若采用塑料膜全封闭包扎，或采用的接穗是蜡封的，嫁接时期可以适当提前7～10天。

（一）芽接时期

芽接时，要求接穗芽体发育充实，砧木生长达到嫁接粗度，一般粗度为0.5～0.8cm；同时，砧、穗双方形成层处于分裂旺盛期。单就满足上述条件，适宜嫁接的时期很长，但具体操作时还要考虑接芽成活后当年是否萌发、当地气候条件和个别树种的特殊要求等。

在我国北方，芽接通常在春、夏、秋三个季节可以进行，春季芽接一般自3月中下旬开始，4月上旬结束；夏季芽接自5月上旬开始，至7月中旬结束；秋季芽接自8月上中旬开始，至9月上旬结束。这些时间内，温度、湿度条件适宜，砧木、接穗内营养物质含量较高，砧木也达到一定的粗度，接穗芽体发育充实，因而嫁接成活率较高。嫁接过早，接芽发育差，砧木过细；嫁接过晚，砧、穗形成层细胞停止分裂，这两种情况均不利于嫁接成活。

芽接时期还与接芽成活后当年是否平茬、嫁接方式、树种特性等因素有关。若嫁接当年不平茬，接芽保持不萌发状态，则嫁接时期不宜过早，最早在8月中旬开始，但是嫁接过晚，一般果树树种在胶东地区晚于9月10日后，愈合很难，成活率明显降低。若嫁接后当年平茬，苗木当年出圃，嫁接时期越早越好，最晚不得晚于6月下旬。据笔者多年生产实践发现，桃、杏、李、大樱桃等核果类和砂梨等停长早的树种，芽接时期晚于6月下旬，到秋季出圃时，达到一级苗的比例很低；若要提高一级苗比例，一般应于6月中旬，即胶东地区麦收前结束芽接。另一个限制嫁接时间的因素是流胶的问题，核果类应尽量在雨季到来之前结束芽接；核桃在5月下旬至6月上旬芽接，比其他时期芽接成活率要高很多。

（二）枝接时期

枝接一般在春季采用，适宜时期为砧木树液开始流动至新梢生长初期，时间自3月上中旬开始，至4月底结束，尤其以春分时节为最佳，这段时期所用的接穗必须保持未萌发状态。

绿枝嫁接一般在5～7月进行，砧木与接穗均处于半木质化状态，砧木过于老化，对成活率影响很大。葡萄等树种的绿枝嫁接在胶东地区不能晚于7月初；过晚则嫁接品种新梢于秋季达不到木质化应有的程度，霜降后此类葡萄苗木基本报废。

冬季也可以进行枝接，一般在室内进行，由于大多用根系作砧木，故又称根接。果树落叶后，接穗直接嫁接在一段果树的根系上，绑缚后，成捆，沙藏；翌年春季定植，当年可以出圃优质苗木。

二、砧木培育

砧木是果树嫁接的基础，砧木质量对嫁接成活以及以后的生长发育、结果、寿命等有着深远的影响。因此，选择与接穗亲和力强、性状优良、适宜当地环境条件、生长健壮的砧木，对果树嫁接而言非常关键。

（一）砧木的选择

1. 优良砧木条件

与接穗亲和力强，具有良好的适应性、抗逆性和一定的抗病虫能力；有利于果树的生长发育和果实品质的提高；易于大量繁殖；具有调节树体长势的特殊性状，如抑制树体长势、使树体矮化，或促进树体长势、使树体乔化高大等。

2. 砧木类型的划分

依据繁殖方式，分为实生砧木和无性系砧木。实生砧木用种子繁殖，优点是来源广、繁殖容易；缺点是后代产生性状分离，嫁接苗建园后果园整齐度低。无性系砧木依据繁殖方式，又可分为自根砧和根蘖砧；原则上来源于同一母株上的无性系砧木嫁接苗具有建园整齐度高、产量稳定等优点；缺点是有的树种缺乏无性系砧木。依据砧木对树体生长的影响，可以分为乔化砧和矮化砧。依据砧木在树体中的位置，可以分为基砧和中间砧。依据砧木与接穗的植物学分类地位，可以分为共砧和非共砧。

（二）嫁接前砧木的处理

1. 去除小分枝

夏季芽接的砧木要在嫁接前的10 ~ 15天摘心，并将距离地面5 ~ 10cm的侧芽或小分枝抹掉，苗干上的叶片需要保留。

2. 施肥灌水

嫁接前7 ~ 10天，适当施肥灌水，促进砧木生长。核桃、葡萄及核果类果树春季嫁接前，不宜灌水，以免伤流过重或流胶。

3. 断根

核桃嫁接前断根，可以减少根系吸水，控制伤流。梨直播实生砧苗，主根过于发达，夏季宜于嫁接前15 ~ 20天断根，增加侧根发育。

4. 高接大树处理

春季高接大树前，要在适宜嫁接的部位上预留出10 ~ 20cm平茬或锯断；嫁接时再重新进行第二次平茬。

三、接穗准备

（一）接穗的采集

1. 接穗采集条件

应选择品种纯正、生长健壮、结果性状良好的结果树为采集接穗的母树。对母树要加强肥水管理和植保措施，保障树体生长健壮、无病虫害，尤其不可有属于检疫对象的病虫害和可以通过嫁接传播的病毒病；无病毒母树要架设防虫网，采取专用修枝剪，并在使用后及时消毒。采集接穗时，要选择树体外围、枝条发育充实、芽眼饱满、无病虫害的枝条为接穗。核果类果树如桃的接穗采集，还应注意查询是否喷布多效唑，以及检查是否有流胶现象。接穗宜用芽眼饱满、枝条充实的发育枝，内膛枝、徒长枝、细弱枝、病虫枝、伤残枝等质量较差的枝条不能作为接穗采集。

2. 接穗采集时间

采集时间由于嫁接方法的不同而不同，夏季芽接或绿枝嫁接的接穗要求在嫁接前1 ~ 2天或在嫁接前现取现用。春季枝接的接穗要结合冬季修剪采集，粗度一般限定在0.5 ~ 0.8cm，大多数果树基本都采用一年生枝。采集时间为冬季落叶后至翌年萌发前2 ~ 3周的休眠期。接穗采集后，按品种做好标记，防止品种混杂。

3.接穗采集后处理

夏秋季芽接使用的接穗采集后，要及时将叶片去掉，保留叶柄（图2-1），新梢上部发育不充实的幼嫩部分也要去除。按照数十根一捆，用布条或塑料条捆好备用。

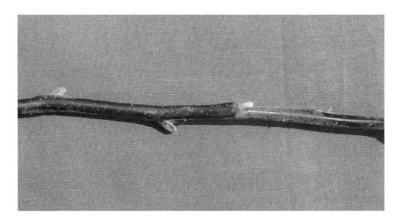

图2-1　接穗保留叶柄

（二）接穗的保存

夏季嫁接时，用湿麻布或湿毛巾将接穗包好，两端要透气，存放于阴凉处备用，期间要随时查看水分情况，及时喷水，保持一定的湿度。或将接穗直接竖立于水桶或水盆中，下端保持有5～6cm深的水，每天换水，自来水不宜使用，应用洁净的河、湖水或井水。无论是用湿布保存还是用浸水法保存，都不可以存放太长的时间，最多可以存放4～5天。夏季要将接穗存放较长的时间，就必须用湿麻布或保鲜膜包严，存放于冷藏柜中，温度控制在0℃以上、4～5℃以下，这样可以存放20天左右。

春季枝接的接穗保存时，要将接穗捆扎好，下端码齐，用湿沙埋在背阴处，贮藏期间的温度一般以0～5℃为宜。所用湿沙的湿度以手握成团不滴水、手松即散为宜，并按时检查湿度情况，防止水分过干引起抽条。

硬枝接穗的具体贮藏方式分为窖藏、沟藏和冷库贮藏。

1. 窖藏

将接穗存放在低温地窖中。北方有贮藏甘薯和大姜的地窖，也可以用来贮藏接穗。在地窖中将接穗按照一层湿沙一层接穗来处理，若地窖湿度较大，接穗不用完全埋起来；若湿度较小，则需接穗完全埋起来。

2. 沟藏

在土壤封冻前，挖一个深60 ~ 70cm、宽80 ~ 100cm的沟，长度视接穗数量的多少而定。沟底铺厚约10cm左右的湿沙，接穗捆成小捆，挂好标签，斜放入沟内，一层接穗一层湿沙，接穗顶端微微露出，用草帘覆盖。封冻后用塑料纸密封保湿，周边用土压严，防止雨、雪水渗入。春季解冻后，将塑料纸撤走，防止接穗由于高温而导致霉烂。

3. 冷库贮藏

具体做法是，将枝条捆扎好，下端码齐并用湿锯末包好（只将枝条的下端8 ~ 10cm包上湿锯末即可），放入保鲜膜袋中，将保鲜膜的袋口扎严，存放在0 ~ 2℃的冷风库中，可以保存到春季用于枝接或夏季用于芽接。

（三）接穗的蜡封

春季枝接使用的硬枝接穗采取蜡封措施，用蜡膜封闭接穗表面，可以有效地减少接穗水分的损失，促进嫁接成活。接穗蜡封具体方法分为三步：接穗剪段、熔化石蜡和蘸蜡。

1. 接穗剪段

将贮藏的接穗或刚采集的未萌动的接穗用净水冲洗表面尘土或沙粒，晾干。将接穗根据嫁接需要剪成长段，一般为15 ~ 20cm。剪截时，注意剪口下第一芽的质量，要求芽体饱满、无机械损伤、无病虫害，剪口距离芽眼0.5cm以上。

2.熔化石蜡

石蜡熔化时，可以根据条件采取直接加热、水浴法加热和水与石蜡共同加热等不同方法。石蜡熔化的关键是控制温度，最好控制在95～105℃。温度过高，会烫死或烫伤接芽；温度过低，接穗上附着石蜡层过厚，嫁接时蜡层易破损；即使嫁接时无破损，蜡层在阳光照射后，也会开裂，失去蜡层保水作用。试验表明，将接穗置于120℃的温度下3秒，接穗生命力不受影响。采取水浴法加热和水与石蜡共同加热，由于水温的限制，石蜡液的温度不会超过100℃，而浸沾石蜡的过程也不会超过1秒。所以，担心石蜡液会烫死接穗接芽，是没有必要的。将石蜡盛入铁制容器后直接加热，是不科学的，不建议采用。一是加热过程中，石蜡的温度不易控制，温度过高易烫伤接芽；二是若加热时间过久，易引起火灾。

将工业用石蜡切成小块，放入铁罐中，再用一铁盆盛水，将装有石蜡的铁罐放入盛水的铁盆中，用柴火或电磁炉加热至石蜡熔化，此为水浴法加热（图2-2）。

图2-2　水浴法加热

水与石蜡共同加热的方法是，选一种较深的容器，可以用直径20cm左右、深度25～30cm的铝锅、不锈钢锅或铁锅，加入固体石蜡和水，水的数量约为蜡液数量的1/3～1/2，置热源加热。当蜡液温度达到要求时，将熔蜡容器向热源一侧移动，使加热点及蜡液翻腾点靠近锅一侧的边缘，而在锅的另一侧形成平静的蜡面。蘸蜡时，在平静的蜡面一侧进行。

生产实践发现，在石蜡中加入10%～30%的蜂蜡，用石蜡和蜂蜡的混合液蘸蜡，蜡膜的韧性可以明显增强。

3. 蘸蜡

手拿接穗，将接穗的一半浸入石蜡中，立即取出，再将另一端也浸入石蜡中，迅速取出，使整个接穗都蒙上一层均匀的石蜡层。蘸蜡后的接穗需要单独摆放，凉透后，方可集中，以免粘连在一起。

（四）接穗的质检

数量较多的接穗，尤其是经过长时间贮藏、运输和蜡封的接穗，都有可能受到不良因素的影响而使质量下降，嫁接前要对接穗的质量进行检查。夏季芽接或绿枝嫁接所用接穗贮藏后，在检查外观无明显皱皮失水后，还要剥皮检验。皮层不能剥离或将接穗皮层剥开后呈现褐色等现象的接穗，不可用于嫁接。春季硬枝嫁接所用接穗，可以采取直观判定法和愈伤组织鉴定法。

1. 直观判定法

鉴别贮藏接穗生活力的方法是将接穗切削后，皮色鲜亮无皱缩，形成层呈鲜绿色，系具有生活力。相反，皮色暗有褐色斑，形成层变褐或变白（褐色是贮藏时湿度过大，变白是贮藏时失水），系无生活力（图2-3）。对于嫁接难以成活的树种，接穗的生活力的影响就更大一些。如核桃嫁接时，接穗粗壮的发育枝，愈伤组织的生长量大，成活率高；细弱枝愈伤组织生长量小，很难长出愈伤组织，成活率就低。

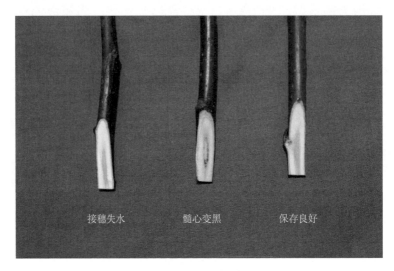

接穗失水　　　　髓心变黑　　　　保存良好

图2-3　接穗质检

夏季芽接时，除鉴定接穗的生活力外，还要看形成层的活动能力。当接穗树皮容易剥离时，说明形成层的活力高，反之就稍低。形成层的活力高，嫁接成活率就高，反之则稍低。实际操作中，对于成活率不是很高的树种，如核桃、大樱桃等，一般将芽片削得稍大一些，这样本身营养要相对多一些，砧木与接穗的接触面也大一些，有利于提高嫁接成活率。

2.愈伤组织鉴定法

嫁接前15天，抽取几根接穗样本剪成小段，下端剪成斜面。将剪好的接穗小段放在盛有湿纱布、湿锯末或疏松湿土的容器内，保持湿度，置于20～25℃的培养箱或室内。10天后观察，若斜面形成层无愈伤组织生长，表明形成层细胞已失活，接穗不可使用。若斜面形成层愈伤组织生长，表明形成层细胞有活性，接穗可以使用。

四、嫁接工具准备

芽接刀主要用于春季、夏季、秋季的芽接。生产实践中表现较好的有瑞士菲尔科、瑞典百固、德国索林根、日本青鹤以及部分国产的芽接刀。枝接刀主要用于春季枝接和夏季绿枝嫁接，春季单芽切腹接不再使用枝接刀，直接用修枝剪替代；但插皮接、插皮腹接等需要开口的嫁接方法，仍需使用枝接刀，无法用修枝剪取代。修枝剪主要用于夏季采集接穗、去除叶柄、平茬等，以及在春季枝接和大树高接换头操作中使用。手锯主要用于春季枝接或大树高接换头的砧木平茬、开口、放水等。嫁接器多为台湾产，用于凹凸嫁接，适宜葡萄嫁接等流水作业（图2-4）。

（a）芽接刀

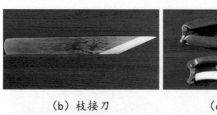

（b）枝接刀

（c）修枝剪

（d）手锯

（e）嫁接器

图2-4　嫁接工具

五、嫁接材料准备

（一）绑缚材料

用厚度较薄的塑料，按照1.2 ~ 1.5cm的宽度裁剪成条，主要用于夏季芽接，山东莱州等地多在苹果嵌芽接上使用。优点是拉力大，不易断裂；缺点是接芽不能自行突破，需要解除绑缚[图2-5（a）]。用厚度为0.008mm的农用塑料薄膜，按照宽4 ~ 4.5cm、长度12 ~ 13cm裁剪成条，主要用于夏季芽接。优点是成本极低，接芽处若单层包扎，接芽能自行突破，不需要解除绑缚，节省解绑用工。还可以用厚度为0.006 ~ 0.008mm的农用塑料薄膜，按照宽7 ~ 8cm裁剪成段，用于大树高接或春季枝接苗木[图2-5（b）]。另外还有多种绑缚材料，可以根据嫁接情况灵活采用[图2-5（c）]。

（a）塑料条　　　　（b）塑料膜卷

（c）塑料膜条

图2-5　绑缚材料

（二）绑缚方法

1. 芽接绑缚

通常有三种绑缚方法。一是用塑料条或塑料膜露芽绑缚，缠绕塑料条或塑料膜时避开芽眼，露芽绑缚，接芽愈合后，直接平茬，无需解绑，节省用工；二是用厚度0.008mm的塑料膜，接芽处单层包扎（图2-6），接芽愈合后，平茬，接芽自行突破塑料膜，无需解绑；三是用塑料条或进口胶带全封闭包扎，进口胶带全封闭包扎一般自行脱落，无需解绑，只是造价稍高。

图2-6　接芽处单层包扎

2. 枝接绑缚

春季枝接用厚度为0.006 ~ 0.008mm的农用塑料薄膜卷，芽眼处单层包扎，接芽会自行突破（图2-7）；若芽眼处多道缠绕，接芽无法自行突破。厚度为0.004mm的薄膜在春季枝接过程中不能使用，易为风沙击碎，透水、透气。

图2-7　枝接绑缚

　　葡萄进行绿枝嫁接时，只需绑缚接口及接穗的顶端（图2-8），接穗的
其他部位无需包扎。

图2-8　葡萄绿枝劈接绑缚

3.高接绑缚

　　（1）连续包扎　高接时每个主枝连续多眼嫁接后，要用厚度0.008mm
的地膜卷自基部开始连续包扎（图2-9），芽眼处单层包扎，至顶端后多道

缠绕、打结，防止扎口松开。据多年试验，用厚度0.006mm以下的地膜包扎，拉紧后薄膜变薄，接口处薄膜易为风沙击碎，密封效果不好；而厚度大于0.01mm的地膜，接芽不易自行突破；效果最为理想的是0.006 ~ 0.008mm的地膜。

图2-9　高接后连续包扎

（2）单独套袋　对高接大树中直立、较粗、较长的砧木，为增加成活率，可以在包扎嫁接口后，再进行单独套袋保湿（图2-10），效果更好。

图2-10　高接后套袋

（三）石蜡及熔锅

工业用石蜡和熔化石蜡的锅、盆等，在蜡封接穗时使用。

（四）接蜡

对于粗大砧木的插皮腹接以及桥接等接口，采用接蜡密封接口，有利于提高工效及嫁接成活率。固体接蜡的原料是松香4份、黄蜡2份、猪油（或植物油）1份。先将猪油（或植物油）加热至开，再将松香、黄蜡倒入充分熔化，然后倒入冷水中凝固成块。应用前加热熔化。液体接蜡的原料是松香（或松脂）8份、凡士林（或猪油）1份。两者一同加热，待全部熔化后，稍微冷却，再放入酒精，数量以起泡沫但泡沫不过高、发出"滋""滋"的声音为宜，然后再注入一份松节油，最后再注入2～3份酒精，边注入边搅拌，即成液体石蜡。使用时，用毛笔蘸涂抹接口，见风即干，非常方便。

第三章

果树嫁接
方法

一、"T"字形芽接

砧木开口呈"T"字形，故称"T"字形芽接。国内俗称热粘皮，日本称为盾形芽接。嫁接时，要求砧木和接穗形成层都处于活跃期，即木质部与韧皮部处于易剥离期。该法优点是简单易学，嫁接成活率高，愈合快，适宜嫁接时间长；缺点是操作速度稍慢，接穗利用率不高。

在砧木距地（或枝条基部）5 ~ 8cm处切一个"T"字形切口，深达木质部，用嫁接刀的尾部塑料片将"T"字形竖切口向两侧剥开（图3-1）。

先在接芽上方0.5cm处横切一刀，要求环枝条直径的3/4，再在芽下方1.5 cm处向上斜削一刀，深达木质部，取下盾状芽片（图3-2）。

将盾状芽片插入砧木"T"字形切口中，使接芽上的横切口与砧木的横切口对齐（图3-3）。绑缚同一般芽接。

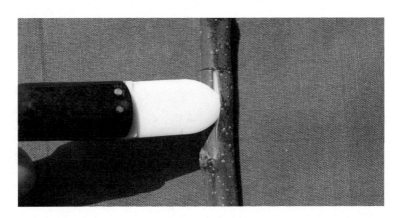

图3-1 切砧木

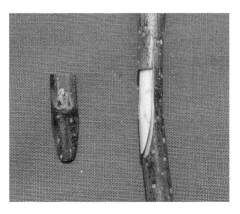

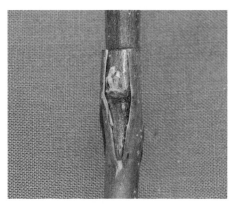

图3-2　削接穗　　　　　　　　　　图3-3　接合

二、倒"T"字形芽接

属于不常用的芽接方法，由于砧木开口呈倒"T"字形，故称倒"T"字形芽接。优点是嫁接后不易渗入雨水，成活后接穗生长较旺盛；缺点是嫁接速度稍慢，接穗利用率不高。

在适宜嫁接的部位选一光滑面，先竖切一刀，再在第一刀的下端向左右两侧横切一刀，使砧木的开口呈"⊥"形，在竖切口处向左右两侧撬开皮层（图3-4）。

在接穗芽眼的下方0.5cm处横切一刀，要求环枝条直径的3/4，再在芽

图3-4　切砧木

图3-5　削接穗

图3-6　接合

上方1.5 cm处向下斜削一刀，深达木质部，取下盾状芽片（图3-5）。

　　将芽片放入砧木的切口，接芽自下而上插入，使芽片下端与砧木横切口对齐（图3-6）。绑缚同一般芽接。

三、带木质"T"字形芽接

　　接穗芽眼带有木质部的芽接方法，由于砧木开口也呈"T"字形，故称带木质"T"字形芽接。该法在砧木离皮良好的情况下采用，根据接穗特点在以下几种情况下应用：一是接穗皮层不易剥离；二是枝条具有棱角、沟纹，芽垫过大或接穗节部不圆滑，不易剥离不带木质的芽片，如枣、板栗、柑橘、猕猴桃等；三是接穗皮层太薄，不带木质部不易操作和成活。依据接穗削法的不同，具体嫁接时有以下两种方法。

（一）带木质"T"字形芽接①

　　砧木的切削与"T"字形芽接削法相同。接穗的削法与"T"字形芽接削法相近，唯有在削接穗时，横刀较重，直接将芽片取下（图3-7）。砧穗接合与"T"字形芽接相同（图3-8）。绑缚同"T"字形芽接。

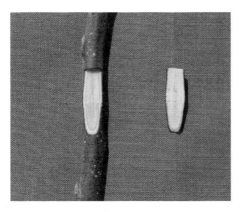

图3-7 削接穗

图3-8 接合

（二）带木质"T"字形芽接②

带木质"T"字形芽接①的接穗削法稍显复杂，影响嫁接速度。带木质"T"字形芽接②的接穗削法采取一刀法，且简单易学，可以明显提高嫁接速度。

砧木开口同"T"字形芽接。在接穗芽眼上1cm左右向下轻削一刀，深约2mm，至芽眼下1cm左右开始刀刃斜向表皮，取下芽片，芽片稍带木质部，长约2～2.5cm（图3-9）。砧穗接合同"T"字形芽接①（图3-10），绑缚同一般芽接。

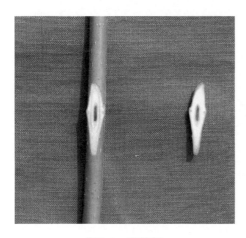

图3-9 削接穗

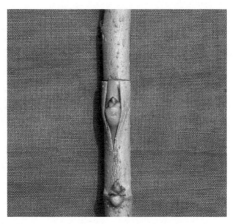

图3-10 接合

四、"十"字形芽接

由于砧木开口呈"十"字形，故称"十"字形芽接。适宜接穗芽眼较大的树种，如枇杷、柿、核桃等进行夏季芽接。优点是嫁接后接芽被包裹良好，愈合稍快；缺点是砧木开口时稍显麻烦，嫁接速度稍慢。

在适宜嫁接的部位选一光滑面，先竖切一刀，再在第一刀的中间位置横切一刀，使砧木的开口呈"十"字形，在"十"字形中心处撬开皮层（图3-11）。

接芽的削法同"T"字形芽接。将芽片放入砧木的切口，接芽放入后，处于砧木"十"字开口的中心位置（图3-12），绑缚同一般芽接。

图3-11　切砧木

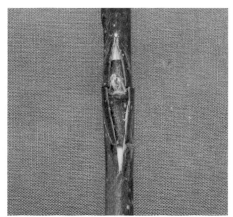
图3-12　接合

五、"工"字形芽接

接穗芽眼削成方块形，砧木的切口呈"工"字形，故称"工"字形芽接。在砧木适宜的嫁接部位，先平行地横切两刀，两刀间隔的距离为2cm，深达木质部。在两切口的中间，竖切一刀，切口呈"工"字形，并

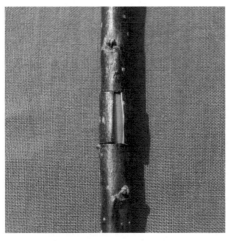

图3-13　切砧木　　　　　　　图3-14　削接穗

将皮层撬开（图3-13）。

　　将叶柄自基部削平，在芽的上方0.5cm处横切一刀，深达木质部，在芽的下方1.5cm处横切一刀，深达木质部，在芽的左右两侧各竖切一刀，深达木质部，取下芽片（图3-14）。

　　将接芽放入砧木的切口，如芽片与砧木切口大小一致，则将它们的切口对齐贴紧；如芽片稍小，则至少使芽片的底边与砧木相应的边对齐贴紧，合上砧木翘起的皮层，芽眼处于切口的中心位置（图3-15）。绑缚同一般芽接。

图3-15　接合

六、钩形芽接

由于砧木开口呈钩形，故称钩形芽接。

在适宜嫁接的部位选一光滑面，先竖切一刀，再在第一刀的下端向左侧横切一刀，使砧木的开口呈"」"形，在拐口处撬开皮层（图3-16）。

接芽削法同倒"T"字形芽接。将芽片放入砧木的切口，接芽自下而上插入，使芽片下端与砧木横切口对齐（图3-17），绑缚同一般芽接。

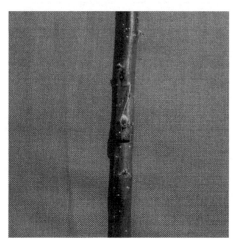

图3-16　切砧木　　　　　　　　　　图3-17　接合

七、新月形芽接

由于砧木开口呈新月形，故称新月形芽接，又称月牙形芽接。

在适宜嫁接的部位选一光滑面，呈弧形竖切一刀，使砧木的开口呈")"形，在切口弧度突出处撬开皮层（图3-18）。

接芽削法同"T"字形芽接。接芽从一侧插入砧木切口（图3-19），绑缚同一般芽接。

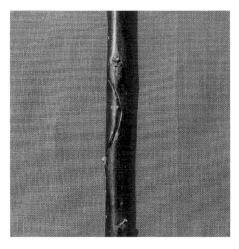

图 3-18　切砧木

图 3-19　接合

八、方块形芽接

接穗芽眼削成方块形，砧木的切口也削成方块形，故称方块形芽接，也称为方形贴皮芽接或"口"字形芽接。

在砧木适宜的嫁接部位，先平行地横切两刀，长约2cm，深达木质部。在切口的两侧各竖切一刀，长度要超过原来的横切口，并将皮层撬开，剥离木质部，取下剥离的皮层（图3-20）。

将叶柄自基部削平，在芽的上方1cm处横切一刀，深达木质部，按照砧木切口的大小，在芽的下方再横切一刀，深达木质部，在芽的左右两侧各竖切一刀，深达木质部，取下芽片（图3-21）。

将接芽放入砧木的切口，如芽片与砧木切口大小一致，则将切口对齐贴紧（图3-22）；如芽片稍小，则至少使芽片的底边和一个边与砧木相应的边对齐贴紧。

一般树种接芽要单层绑缚，核桃则要露芽绑缚并留出放水口（图3-23）。

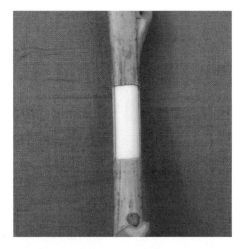

图3-20　切砧木

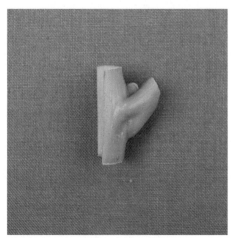

图3-21　削接穗

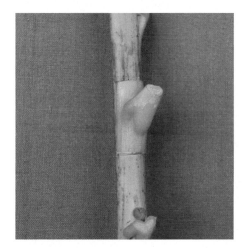

图3-22　接合

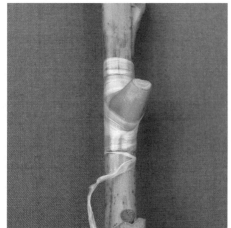

图3-23　绑缚

九、改良方块形芽接

改良方块形芽接是在方块形芽接的基础上进行，依据砧木开口的不同，分为以下两种方法。

（一）改良方块形芽接①

在砧木半木质化时，选一光滑面靠上横切一刀，再在两侧向下纵向各切一刀，深达木质部，宽度与接穗芽片相同或略大于芽片的宽度，形状类似于"门"字。然后将皮向外翘起，用嫁接刀由下而上将皮削去，不伤及木质部，削去皮的长度要小于芽片的长度0.5cm。

接穗的削法同方块形芽接。将接穗芽片放入，顶端和两侧（至少要一侧）对齐，下边插入砧木皮层（图3-24），绑缚同方块形芽接。

（二）改良方块形芽接②

在砧木嫁接部位纵切两刀，间隔宽度与接穗芽片宽度一致，长约3cm，然后在距纵切刀口的上端和下端0.5cm各横切一刀，将砧木皮层剥离，不伤及木质部。

接穗的削法同方块形芽接。将砧木接口上下皮层翘起，将削好的接穗芽片插入砧木，用砧木皮将接穗芽片上下压住（图3-25），绑缚同方块形芽接。

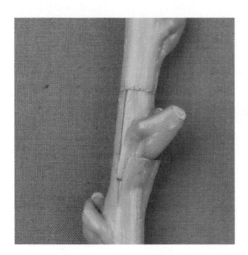

图3-24 改良方块形芽接①

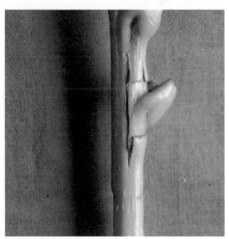

图3-25 改良方块形芽接②

十、贴芽接

又称板片梭形芽接，按接穗的不同削法，贴芽接有以下两种接法。

（一）贴芽接①

在砧木距地5 ~ 8cm处选一光滑面，自下而上轻削一刀（图3-26、图3-27），长2.5 ~ 3cm，深2 ~ 3mm。砧木切口的上端，最好处在一个叶柄处，这样砧木切片不容易粘连在砧木上。

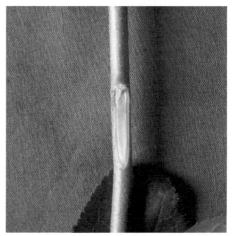

图3-26　切砧木（自下而上）　　　　　图3-27　切砧木结束

削接穗时，应该从芽的上端开始向下削（图3-28），这样削的接芽易控制长度，且不会出现一头大，一头小的现象。大小、形状同带木质"T"字形芽接②的接穗。

将接芽贴在砧木上，尽可能使接芽与砧木的形成层一侧对齐（图3-29）。绑缚同其他芽接方法。

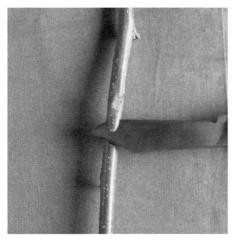

图3-28 削接穗（自上而下）

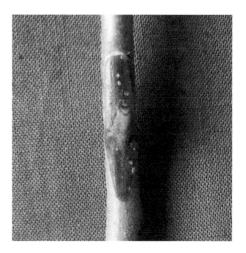

图3-29 接合

（二）贴芽接②

由于接穗芽片是两刀取下，又称为两刀法贴芽接。在砧木距地5 ~
8 cm处，用嫁接刀向下轻削一刀，长2.5 ~ 3cm，厚为2 ~ 3mm。在第
一刀的下端再向上斜削一刀，角度约为45° 左右，取下盾形削片（图
3-30 ）。

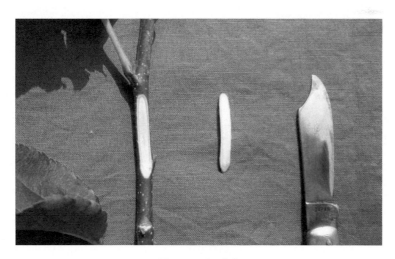

图3-30 切砧木

在接穗的枝条上选好接芽，从芽上方1.5cm处向下斜削一刀，厚为2～3mm；在芽下1cm处向上斜削成舌片状，取下接芽；芽片总长度为2～2.5cm（图3-31）。

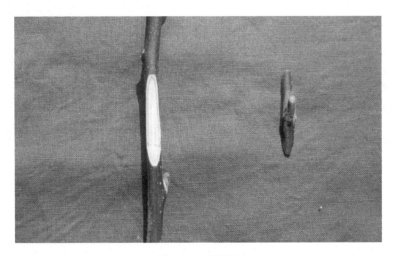

图3-31　削接穗

将接穗的芽片嵌入砧木的切口中，使形成层对齐（图3-32），绑缚同其他芽接。

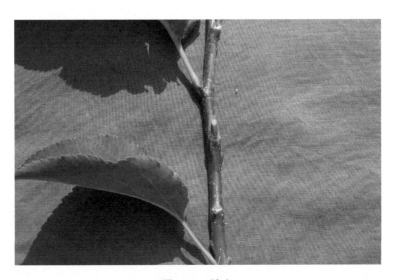

图3-32　接合

十一、嵌芽接

由于接穗的芽眼是嵌入砧木的，故称嵌芽接，也称为长方形芽接。依据砧木与接穗的不同处理，具体嫁接时可以采用以下两种方法。

（一）嵌芽接①

在砧木上距地（或枝条基部）5 ~ 8 cm处，用嫁接刀向下轻削一刀，长3cm左右，厚为砧木粗度的2/5，切削过重，砧木易折断。在第一刀的下端再向下斜削一刀，角度约为45°，取下盾形削片（图3-33）。

从1年生接穗的枝条上选好接芽，从芽上方1.5cm处向下斜削一刀，厚为接穗粗度的2/3；在芽下0.5 ~ 1cm处斜削成舌片状，取下接芽；芽片总长度为2 ~ 2.5cm（图3-34）。接芽切削要平整，尤其是靠近芽眼的下端。在运用该法嫁接梨等接穗硬度较大的树种时，要特别注意。

将接穗的芽片嵌入砧木的切口中，使形成层对齐（图3-35）；砧、穗粗度不一致的，尽量使一侧形成层对齐。绑缚同其他芽接。

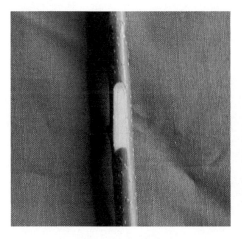

图3-33　切砧木

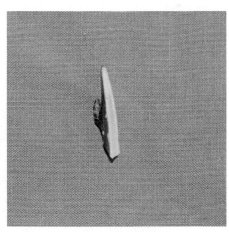

图3-34　削接穗

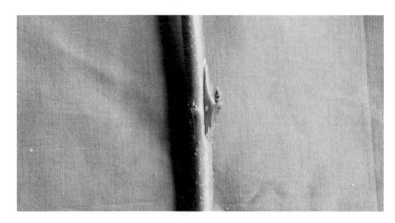

图3-35 接合

（二）嵌芽接②

在砧木上选一平滑面，用嫁接刀向下轻削一刀，长1.5cm左右，厚为砧木粗度的2/5，在距最下端刀口约0.5cm处向下斜削一刀，角度约为45°左右，取下盾形削片。再以相同的厚度，在第一刀的上端向上轻削一刀，长约1.5cm，在距最上端刀口约0.5cm处向上斜削一刀，角度约为45°左右，取下盾形削片（图3-36）。

在芽眼上方1.5cm处向上斜削一刀，沿上端斜削口中心位置向下竖切，厚为接穗粗度的1/2；再在芽眼下1.5cm处向下斜削成舌片状，取下接芽。芽片总长度为3 cm（图3-37）。

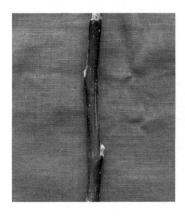

图3-36 切砧木

图3-37 削接穗

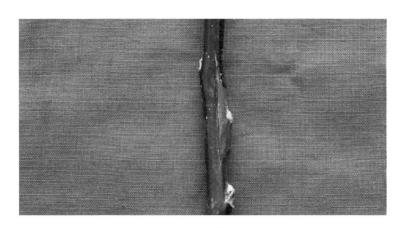

图3-38 接合

从一侧将接穗的芽片嵌入砧木的切口中，使形成层对齐（图3-38）。绑缚同其他芽接。

十二、套芽接

套芽接又称套接，接穗呈筒形，套在砧木上，故称套芽接。

砧木要求在与接穗粗度一致的部位平茬，在顶端以下3cm左右的部位自下而上竖切3～4刀，将砧木的皮层撕开约3～4道（图3-39）。

在接穗芽眼部位上约1cm处剪断，在芽眼下约1.5cm处环切一刀，扭动接芽，使接芽呈筒状取下（图3-40）。

将筒状接芽套在砧木的木质部上，将撕开的砧木皮层包裹好接穗的芽眼（图3-41）。用厚0.006～0.008mm地膜紧固砧木被撕开的皮层，芽眼处只覆盖一层地膜。

图3-39　切砧木　　　　　　　　　图3-40　削接穗

图3-41　接合

十三、环形芽接

类似于套芽接，接穗也是取一圈树皮，套在砧木被剥离的木质部上，砧木皮层的剥离类似于环状剥皮，故称为环形芽接。

在砧木适宜嫁接的部位，上下各环切一刀，长2～2.5cm，取下皮层（图3-42）。若砧木略粗于接穗时，可以适当留一点皮层。

在接穗芽眼的上方约1cm部位环切一刀，在芽眼下1～1.5cm处环切一刀，在芽眼背部竖切一刀，取下环形接芽（图3-43）。

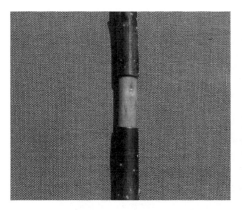

图3-42　切砧木

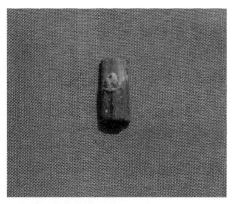

图3-43　削接穗

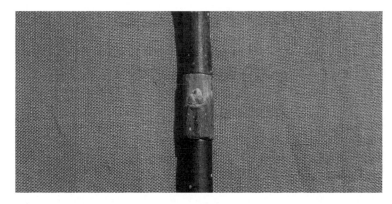

图3-44　接合

将接穗的芽片套在砧木切口上（图3-44）。若芽片小于砧木切口，尽量使砧穗的下端对齐；若芽片大于砧木切口，则必须将接芽大出的部分削去，然后再套上。绑缚同其他芽接。

十四、芽片贴接

将砧木切去一块皮层，在去皮处贴上大小相同的芽片，故称芽片贴接。

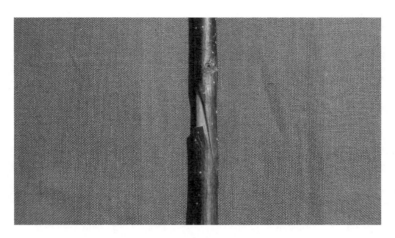

图3-45　切砧木

　　在砧木适宜嫁接的部位，选一光滑面，用刀尖自下而上划两条平行的切口，宽度为0.6～0.8cm，长2.5～3cm，深达木质部。在两刀的上端切两刀，使切口呈舌状交叉，切下上半部皮层，并将剩余的皮层撬开（图3-45）。

　　取接穗中部芽眼，削成长2～2.5cm、宽约0.6cm、不带木质部的盾形芽片（图3-46）。

　　将盾形芽片插入砧木切口，露出芽眼（图3-47）。绑缚同其他芽接。

图3-46　削接穗

图3-47　接合

十五、单芽贴接

在砧木适宜嫁接部位，选一光滑无节处平茬，在距顶端约2.5cm处用刀向上轻削一刀，厚度约为砧木粗度的2/5（图3-48）。

用同样的方法取下接穗芽片（图3-49）。

将接穗芽片与砧木切口接合（图3-50），若两者粗度不一致，应使砧穗一侧形成层对齐。

芽眼处只缠绕一层厚度为0.008mm的薄膜（图3-51）。

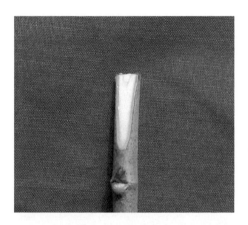

图3-48　切砧木

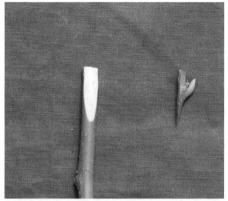

图3-49　削接穗

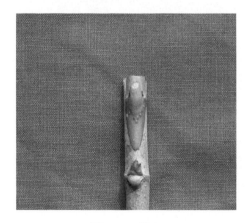

图3-50　接合

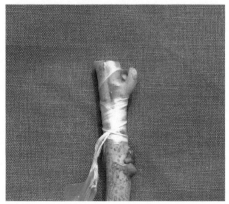

图3-51　绑缚

十六、芽片插皮接

该法系笔者进行嫁接操作时发现的嫁接方法，接穗芽片插入砧木皮层内，故称芽片插皮接。在接穗皮层容易剥离时采用，依据接穗的不同切削，分为以下三种方法。

（一）芽片插皮接①

用修枝剪在砧木适宜嫁接的位置平茬，并开"1"字口（图3-52）。

按照"T"字形芽接的接穗削法，取下芽片。将芽片插入砧木"1"字口（图3-53）。绑缚同单芽贴接。

图3-52　切砧木

图3-53　接合

（二）芽片插皮接②

砧木同芽片插皮接①一样开"1"字口。按照带木质"T"字形芽接的接穗削法，取下芽片。将芽片插入砧木"1"字口（图3-54）。绑缚同单芽贴接。

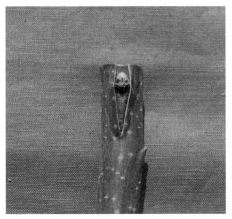 

图3-54　接合　　　　　　　　　　图3-55　接合

（三）芽片插皮接③

砧木同芽片插皮接①一样开"1"字口。按照贴芽接的接穗削法，取下芽片。将芽片插入砧木"1"字口（图3-55）。绑缚同单芽贴接。

十七、补片芽接

补片芽接又称为贴片芽接或芽片腹接，常在嫁接未成活时采用此法补接，故称补片芽接。用于常绿果树的嫁接，需在皮层容易剥离的生长季节采用此法。

在砧木适宜嫁接的部位选一光滑面，自下而上竖切两刀，宽约0.6cm，长2.5～3.0cm，深达木质部；在上端横切一刀，撕开皮层，并去除上半部皮层，保留下半部皮层（图3-56）。

切取与砧木切口大小相同的接穗芽片，接穗的芽片不能大于砧木切口（图3-57）。

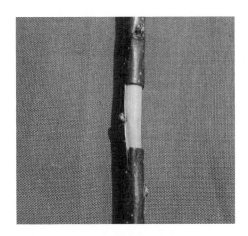

图3-56　切砧木

图3-57　削接穗

将接穗芽片插入砧木切口，砧木预留的下半部皮层包裹住接穗的芽片（图3-58）。绑缚同其他芽接。

图3-58　接合

十八、分段芽接

经过笔者多年的嫁接实践，认为有两种方法。一是矮化中间砧苗木的嫁接；二是乔化砧苗木的嫁接。

（一）矮化中间砧苗木的嫁接

第一年春季播种普通砧木种子，得到实生苗，秋季芽接矮化砧。翌年秋季在矮化砧部位每隔30～40cm分段嫁接苹果品种芽片（图3-59）。第三年春季留最下端1个品种芽剪砧，剪下的枝条从每个品种芽上部分段剪截，每段枝条的顶端都有1个成活的品种接芽，将其枝接在培育好的普通砧木上，秋季出圃。分段芽接只能在生产苗圃中进行，不能在砧木扩繁圃或母本保存圃中使用。

图3-59　矮化中间砧苗木分段芽接

（二）乔化砧苗木的嫁接

第一年春季用易生根的砧木，如日本圆叶海棠等剪成15～20cm的插条，施肥、作畦、喷除草剂后覆盖地膜，扦插后灌水，获得乔化实生苗。秋季在圆叶海棠上每隔20～25cm分段嫁接苹果品种芽片，冬季分段剪下枝条，每段枝条的顶端都有1个成活的品种接芽，成捆后沙藏。第二年春季，将带有品种芽插条的顶端先用水浴法蜡封，防止扦插后顶端失水；当地温稳定在10℃以上时，直接进行大田扦插，秋季出圃成品苗木。

十九、镶芽接

该法系笔者进行嫁接操作时发现的嫁接方法，适宜初学者。接穗芽眼是镶在砧木切口上的，故称镶芽接。

在砧木适当位置处，用嫁接刀向下平削一刀，长2.5～3.0cm，厚度约为砧木粗度的2/5。在第一刀的下端再横削一刀，取下带木质的盾形削片（图3-60）。

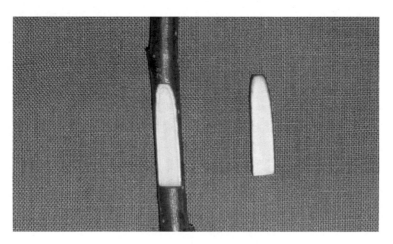

图3-60　切砧木

图3-61　削接穗　　　　　　　　　图3-62　接合

在一年生接穗的枝条上选好接芽，从芽上方向下平削一刀，长2～2.5 cm，厚为接穗粗度的1/2左右；在芽下0.5～1cm处垂直切下带木质的芽片（图3-61）。

将接穗的盾形芽片镶入砧木的切口中，使形成层对齐（图3-62）。绑缚同其他芽接。

二十、袋芽接

文献记载的袋芽接接穗削法，刀法复杂，晦涩难懂；笔者据多年实践，稍作修改，使之较为简单易行。

在砧木适宜嫁接部位，选一光滑无节处，用刀割弧形接口（图3-63），使之割断皮层而不伤及木质部。用右手扶住接口的下部，在接口的上方，用左手将砧木左右摆动，然后再向接口的反方向掰，使接口皮层断离木质部张开呈袋状。松开双手，使袋状接口闭合复原，以免接口内单宁物质在空气中暴露过久而氧化，影响成活率。

第一刀在芽眼的下端约1.5 cm向上轻削，厚度约为1.5mm，稍带木质

图3-63 切砧木

部，至芽眼上端约0.5cm处停止。第二刀在芽眼上端约0.5cm处横切一刀，切断芽片，使整个芽片长约2cm，正面宽，反面窄，略呈长方形的楔子（图3-64）。

接穗削好后，用左手掰砧，右手将接穗反插入砧木切口的袋中（图3-65），芽片正面向内，反面向外，然后慢慢松手，如猛然松手，会使袋口胀裂。绑缚同其他芽接。

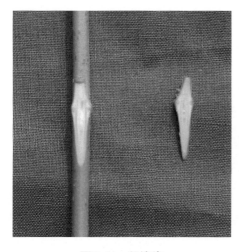

图3-64 削接穗

图3-65 接合

二十一、吊芽腹接

芽片似吊挂在枝条上，且芽片上端插入枝条的腹部，故称吊芽腹接，又称为倒嵌芽接。

选砧木一光滑面，自下而上用刀切削，厚度约2mm，长度为2.5～3cm，削起的树皮保留上端约1/3，2/3切掉，使其不包芽眼（图3-66）。

在接穗芽眼下端1.5cm处下刀，向上削至芽眼以上约1cm处停止；在芽眼以上略小于1cm处另起一刀，呈30～45°斜切，取下盾形芽片（图3-67）。

将接穗插入砧木的切口中，若砧、穗大小不一致，务必使一侧形成层对齐（图3-68）。薄膜自下而上包扎，其他同一般芽接。

 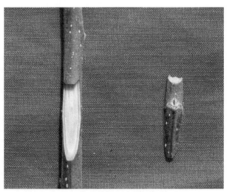

图3-66　切砧木　　　　　　　　　　图3-67　削接穗

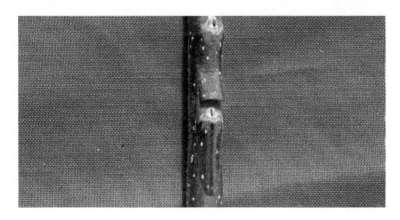

图3-68　接合

二十二、双芽接

由于是一个砧木切口内装有两个盾形削片（盾片），一个是无芽的矮化砧盾片，一个是有芽的品种盾片，故称为双芽接。优点是一次芽接就可以形成二重砧，平茬以后就形成了品种／中间砧／基砧的嫁接苗，可以使这种嫁接苗具有矮化作用；缺点是操作稍显复杂，需要一定的嫁接技术。

在砧木上开"T"字形口，要求较一般"T"字形芽接的开口稍大一些，可以容下两个盾片。

从矮化中间砧上切取一个盾片，要求不带芽眼，削去盾片上面一部分皮层，使形成层露出来（图3-69）。品种盾形芽片采用"T"字形芽接的削法取下（图3-70）。

先将不带芽眼的矮化砧盾片插入砧木切口（图3-71），再将品种芽片插入砧木的切口，使品种芽片的下端不是贴在砧木的木质部上，而是贴在矮化中间砧盾片的上部形成层上（图3-72）。绑缚同一般芽接方法。

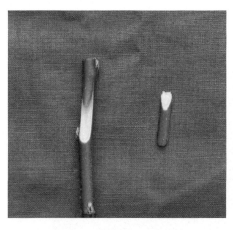

图3-69　削接穗（中间砧）

图3-70　削接穗（品种）

图3-71 接合（中间砧）   图3-72 接合（品种）

二十三、槽形芽接

砧木开口与接穗芽眼的切削均用"U"形刀处理，呈槽形，故称为槽
形芽接。

在砧木适宜的嫁接部位平茬，在剪口一侧用"U"形刀自下而上开创
口，创口长约1.5cm，深2 ~ 3mm（图3-73）。

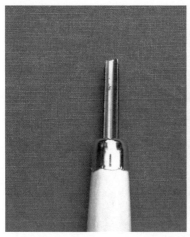

图3-73 切砧木

在接穗芽眼上端0.5cm左右将接穗剪断，芽眼下端1.5cm处向上用"U"形刀削取接芽（图3-74）。

将接芽与砧木创口接合（图3-75），绑缚同单芽贴接。

图3-74　削接穗

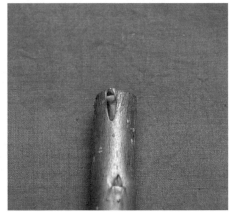

图3-75　接合

二十四、三角形芽接

在砧木上选一平滑面，自下向上斜划一刀，与第一刀下端间隔3~4mm另开一刀，两刀于上端交叉，自交叉处向下撕开树皮（图3-76），使砧木树皮开口呈三角形。

图3-76　切砧木

采用贴芽接的方法取下接芽，将芽片装入砧木切口（图3-77）。绑缚同其他芽接，

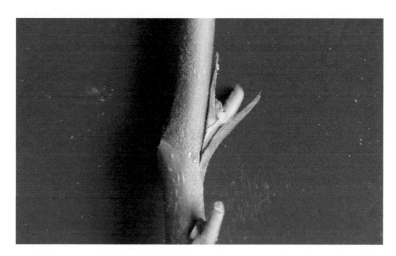

图3-77　接合

二十五、劈接

在砧木上劈一切口，将接穗插入，故称劈接。

在砧木上距地（或枝条基部）5 ~ 8cm处平茬（图3-78），若是锯口要用刀削平，在砧木剪锯口断面中间劈一个与断面垂直的劈口，深度为4cm左右。劈口时，若砧木较粗要用劈刀，较细用修枝剪即可。

在一年生接穗的枝条上选好接芽，芽下左右各削一刀，长2.5 ~ 3.0cm，呈楔形；有芽眼一侧稍厚，另一侧稍薄。切削程度以两侧稍微露出枝条髓部为宜，削面要平整、光滑、不起毛（图3-79）。

将接穗插入砧木的切口中，厚的一侧向外，薄的一侧向内，使砧穗外侧的形成层对齐，露白0.5cm（图3-80）。

蜡封接穗仅包扎嫁接口即可，非蜡封接穗要全封闭包扎，芽眼处只包扎一层厚度为0.008mm以下的地膜。

图3-78 切砧木

图3-79 削接穗

图3-80 接合

二十六、切接

在砧木上切一个切口，插入接穗，故称切接。

在砧木上距地（或枝条基部）5～8cm处平茬，若是锯口要用刀削平，在剪锯口断面木质部一侧向下竖切，形成一个竖切口，长3～3.5cm（图3-81）。

图3-81　切砧木

将接穗削成长短两个削面，长削面长2.5～3cm，削面平整、光滑（图3-82），短削面长约0.5cm；接穗削去部分厚度占接穗粗度的1/2左右。

将接穗的长削面向内，短削面向外插入砧木切口，形成层对齐（图3-83），如不能两边对齐，可一边对齐。绑缚同劈接。

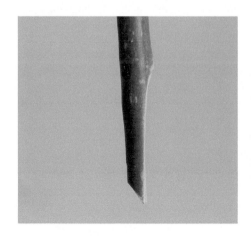

图3-82　削接穗

图3-83　接合

二十七、改良切接

（一）改良切接①

俗称去骨切接，须在皮层容易剥离的时期进行。在砧木上距地5～8cm处平茬，若是锯口要用刀削平，在砧木剪锯口断面木质部一侧约1/4直径处用刀竖切，形成一个直切口，长约3.5cm，在切开砧木较小的一侧，用手剥离皮层，使皮层与木质部分离，然后用刀切断被分离的木质部（图3-84），俗称去骨，去骨切接由此得名。

接穗的削法同常规切接，只是在有芽眼的一侧轻削，或刮去青皮，长度约2.0cm（图3-85），接芽留1个。

将接穗的长削面向内，短削面向外插入砧木切口，形成层对齐（图3-86）。绑缚同其他枝接。

图3-84 切砧木

图3-85 削接穗

（二）改良切接②

该法系笔者在应用韩国金容九教授发明的交合接的基础上，对常规切接进行改良而来。

砧木开口同一般切接。用修枝剪将接穗削成长短不同的三个削面，芽眼背面削长削面，长度2.5～3cm；芽眼一侧的下端呈45°切削，长约

0.5cm；芽眼一侧再削成一个较短的削面，长度为2cm左右（图3-87）；三个削面都要求平整、光滑，接芽留1个。

　　将接穗的长削面向内，短削面向外插入砧木切口，形成层对齐（图3-88），如不能两侧对齐可一侧对齐，绑缚同其他枝接。

图3-86　接合

图3-87　削接穗

图3-88　接合

二十八、双切接

　　该法比三刀切接（改良切接②）增加砧、穗间形成层接触面积50%以上，比切接增加200%，又可使砧、穗口露出的伤口较其他嫁接方法大为减少，因而有较高的成活率和苗木质量，尤其适宜板栗、核桃等嫁接成活率较低的树种。

将砧木的上端与接穗的下端分别剪成45°斜面，再从尖的一侧略带木质部分别向下和向上轻削，长度约3cm；尖背面的一侧略带木质部将皮削掉（图3-89）。

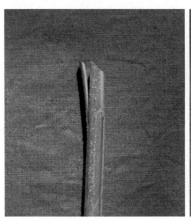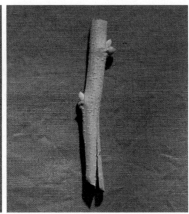

图3-89　切砧木与削接穗

将砧木和接穗的形成层对齐后，再将砧木与接穗预留的"皮"分别包住对方的创口（图3-90），绑缚同其他枝接。

图3-90　接合

二十九、切腹接

在砧木的中部切口，将接穗插入，故称切腹接。该法优点是可以在缺枝的部位嫁接，填补空间，增加树体内膛枝量；缺点是绑缚有一定难度，易出现切口密封不严的问题。以前常用来高接大树，现在基本被单芽切腹接所取代。

在砧木需要嫁接的部位，选一平滑面，用修枝剪斜剪一个长2.5 ~ 3cm的切口（图3-91）。

要求接穗芽眼饱满，枝条充实。在嫁接前蜡封接穗，接穗一般留2 ~ 3个芽眼，在最下端芽眼的两侧削成长2 ~ 3cm的斜面，接穗削成后有芽的一侧稍厚，无芽的一侧稍薄，削面平滑（图3-92）。

插入时稍厚的一侧向外，稍薄的一侧向内，使砧木与接穗的形成层对齐（图3-93）。绑缚同其他枝接。

图3-91　切砧木

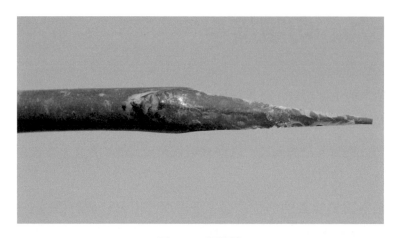

图3-92　削接穗

图3-93　接合

三十、舌接

接穗与砧木斜切面的接合呈舌状交叉，故称舌接。在砧木与接穗的粗度相差不大的情况下使用，由于较一般枝接增加了一个接触面，属于成活率较高的枝接方法之一。优点是接合牢固，萌发后不易折断；缺点是稍显操作复杂，嫁接速度稍慢。

砧木自下而上削成2.5～3cm长的斜面，然后在削面顶端1/5处，顺着枝条往下劈，劈口长1.5～2.0cm，呈舌状（图3-94）。

在接穗芽下背面削成2.5～3cm长的斜面，劈口与切砧木一致。

把接穗的劈口插入砧木的劈口中，使砧木与接穗呈舌状交叉接合，形成层对齐，向内插紧（图3-95）。绑缚同其他枝接。

图3-94　切砧木

图3-95　接合

三十一、合接

将砧木与接穗的削面贴合在一起，故称合接。

在适宜的嫁接部位，先平茬，在距离砧木顶端3～4cm处，自下而上削呈马耳削面（图3-96）。

在接穗的下端削呈马耳形削面，长3～4cm，宽度与砧木切口相同（图3-97）；削去的接穗约为接穗粗度的1/2。

将砧木与接穗的削面贴合在一起（图3-98）。绑缚同其他枝接。

图3-96　切砧木

图3-97　削接穗

图3-98　接合

三十二、箱接

在砧木上切出长方形的箱形缺口，将接穗嵌入其内，故称箱接。

在砧木截断面处，自上而下纵切两刀，深达木质部，长2～2.5cm，宽度要小于接穗的粗度；再用薄刃凿子自下而上稍向木质部切削，切成一个长条小箱子形（图3-99）。

图3-99　切砧木

在接穗下端芽眼的背面斜削一刀，成一长削面，厚度与砧木切口的深度一致，长度为2～2.5cm；再在削面的两侧各削一刀，使之与砧木切口大小吻合（图3-100）。

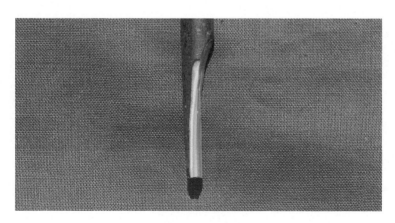

图3-100　削接穗

将接穗插入砧木切口，长削面靠向砧木，使砧穗二者恰好完全接合，形成层对齐（图3-101）。绑缚同其他枝接。

图3-101　接合

三十三、榫接

在砧木与接穗上切出榫形缺口，将二者榫口对齐，故称榫接。

在砧木截断面中心处，自上而下竖切一刀，深达木质部，长2～2.5cm；再从下端横切一刀，形成榫口（图3-102）。

在接穗芽眼的下端竖切、横切各一刀，形成与砧木一致的榫口（图3-103）。

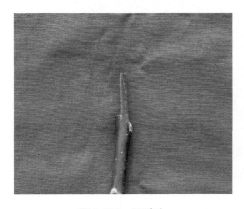

图3-102　切砧木

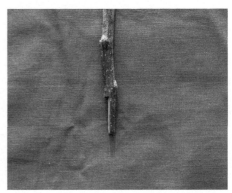

图3-103　削接穗

将接穗榫口与砧木榫口对齐，粗度不一致时要一侧形成层对齐（图3-104）。绑缚同其他枝接。

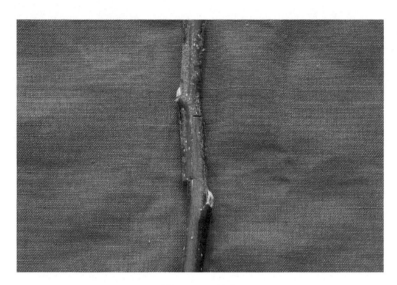

图3-104　接合

三十四、单斜面榫接

该法系笔者在进行榫接和双斜面榫接教学时，为了简化操作步骤独创的嫁接方法。

在砧木适宜嫁接部位的顶端呈45° 斜剪，再在斜面高的一边的侧面距顶端2.5 ～ 3cm处作与砧木轴线垂直切入，深度约为砧木粗度的1/3左右；然后从砧木的顶端对准此深度作垂直竖切，使之恰巧达到下方垂直于砧木轴线的切口，取下这一小部分砧木，使之成为一个单斜面的榫口（图3-105）。

将接穗削成与砧木剪口斜面倾斜度相同的单个斜面，使之能与砧木恰好嵌合（图3-106）。

将接穗嵌入砧木，形成层对齐（图3-107），绑缚同其他枝接。

图3-105 切砧木

图3-106 削接穗

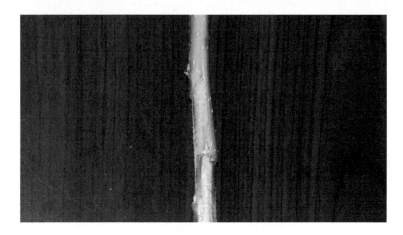

图3-107 接合

三十五、双斜面榫接

原名合接，因与前述合接法重复，蔡以欣称之为折线形嵌接。在砧木上开两个呈45°的斜面榫口，将接穗削成同样形状插入。由于该法可变生其他接法，为使之与前述单斜面榫接和下述三斜面榫接对应，故笔者认为称双斜面榫接较为恰当。

在砧木适宜嫁接部位的顶端呈45°斜剪，再在斜面高的一边的侧面距顶端2.5～3cm处作与上部斜面平行切入，深度约为砧木粗度的1/3左右；然后从砧木的顶端对准此深度作垂直竖切，使之恰巧达到下方斜面的下端，取下这一小部分砧木，使之成为一个双斜面的榫口（图3-108）。

将接穗削成与砧木双斜面倾斜度相同的两个斜面，并使两斜面的距离与砧木两斜面距离相同，使之能与砧木恰好嵌合（图3-109）。

将接穗嵌入砧木，形成层对齐（图3-110），绑缚同其他枝接。

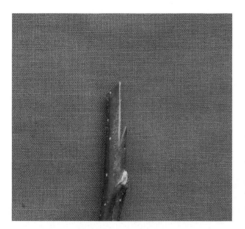

图3-108 切砧木

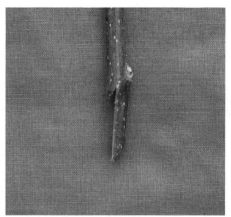

图3-109 削接穗

图3-110 接合

三十六、三斜面榫接

该法系笔者在进行榫接和双斜面榫接教学时，为了进一步训练、提高学生的嫁接技能而独创的嫁接方法。在砧木上开三个呈45°的斜面榫口，将接穗削成同样形状插入，故称三斜面榫接。该法砧、穗接合更紧密，接触面更大，使砧、穗的接触面多达5个，系目前接触面最多的枝接方法。

在砧木适宜嫁接部位的顶端呈45°斜剪，再在斜面高的一边的侧面距顶端2.5～3cm处作与上部斜面平行切入，深度约为砧木粗度的2/3左右；然后从砧木的顶端对准此深度作垂直竖切，使之恰巧达到下方斜面的下端，取下这一小部分砧木，使之成为一个双斜面的榫口；再从下方斜面上砧木粗度约1/3处继续竖切约2.5cm，后在竖切口下端呈45°斜切，使砧木成为一个具有三斜面的榫口（图3-111）。

将接穗削成与砧木三斜面倾斜度相同的三个斜面，并使此三个斜面间的距离与砧木三斜面间距离相同，使之能与砧木恰好嵌合（图3-112）。

将接穗嵌入砧木，形成层对齐（图3-113），绑缚同其他枝接。

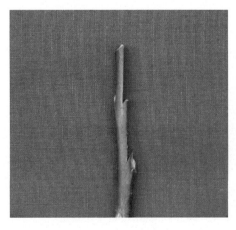

图3-111　切砧木

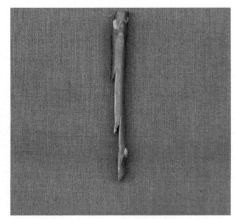

图3-112　削接穗

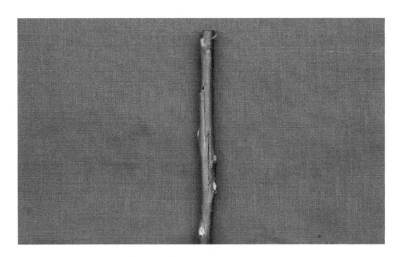

图3-113　接合

三十七、袋接与反袋接

在砧木断面上用手捏出一个类似于袋口状缝隙，将接穗插入，故称袋接。适用于砧木皮层容易剥离，且韧皮部韧度较大的树种。优点是嫁接成活率高，携带工具少，嫁接只用一把修枝剪，绑缚简单；缺点是砧木开口需要一定的技巧。

（一）袋接①

在砧木适宜的嫁接部位，先平茬，在欲开口处的背面竖划一刀，用力捏开一个袋状缺口，长2 ~ 3cm（图3-114）。

接穗削法与插皮接相同，削面要求平滑，正面（大削面）长2.5 ~ 3cm，背面削成长0.5 ~ 0.7cm的小削面（图3-115）。接穗下部呈薄楔形。

将接穗的正面（大削面）朝向砧木的木质部，小削面朝向砧木的韧皮部，沿竖切口轻轻插入，插到接穗的削面最上端离砧木平茬面0.5cm时停止（图3-116），绑缚同其他枝接。

图3-114 切砧木

图3-115 削接穗

图3-116 接合

（二）袋接②

该法与袋接①的区别是接穗不带韧皮部，接穗插入砧木竖切口的背面。砧木的处理与袋接①相同。

接穗的削面要求平滑，削面长2.5 ~ 3cm，侧面观察接穗下部呈薄楔形，削面入刀处带有一定的弧度，并去除接穗插入砧木部分的韧皮部（图3-117）。

将砧木竖切口的背面捏开，接穗的大削面朝向砧木的木质部，轻轻插入，插到接穗的削面最上端离砧木平茬面0.5cm时停止（图3-118），绑缚同其他枝接。

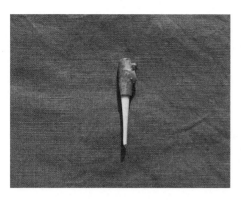

图3-117　削接穗　　　　　　　　　　　　图3-118　接合

（三）反袋接

桑，木质部与韧皮部剥离后，韧皮部形成层带有的薄壁细胞多，故常采用反袋接。其操作步骤与袋接一致，只是插入接穗时，大削面朝向砧木韧皮部（图3-119）。

图3-119　大削面朝向韧皮部

三十八、根接

利用苗木的根做砧木进行嫁接，当年出圃优质苗木，故称根接。主要适宜苗木冬春发芽前嫁接，嫁接前应先将砧木实生苗于封冻前挖出，沙藏，随用随取。此法优点是可以利用冬闲时间进行，当年出圃；缺点是嫁接后需要沙藏愈合，较为麻烦。

嫁接时，可以采取劈接、切接、切腹接、舌接等枝接方法，具体操作与春季枝接方法一样。嫁接后，要及时将苗木沙藏在冻土层以下或地窖内，沙藏苗木所用湿沙的湿度以"手握成团不滴水，手松即散"为宜。春季根接苗木的沙藏时间不能少于15天。

将实生苗根部用水洗净，晾干；在根颈以上3～5cm处平茬，并分别按照劈接、切接、切腹接、舌接砧木的切削方法，进行砧木切削（图3-120）。

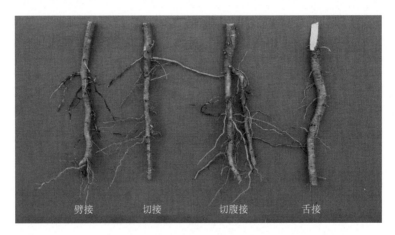

图3-120　切砧木

按照劈接、切接、切腹接、舌接接穗的切削方法，进行接穗切削（图3-121）。

图3-121　削接穗

　　按照劈接、切接、切腹接、舌接砧穗接合的方法，进行接合（图3-122）。绑缚同其他枝接。

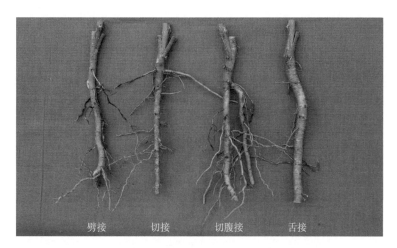

图3-122　接合

三十九、打孔接

　　在枝干上打孔，插入接穗，故称打孔接。在大树枝干缺枝的部位进行，由于无需剥开树皮，故嫁接时间可以提早，且适宜树皮不易剥离的树种，常用于老树更新。优点是简单易行，嫁接速度快；缺点是绑缚较为复杂。

　　在砧木适宜嫁接的部位刮去老皮，用电钻打孔，深度为2.5 ～ 3.0cm，口径为0.5 ～ 0.6cm（图3-123）。打孔后，用刀尖削平孔口，露出形成层。

图3-123　切砧木

接穗的粗度应该与砧木的孔口直径相近，可以稍粗，但不可过细。将接穗下端的皮层去除，长度为2.5cm左右（图3-124）。如皮层不易剥离，可以用刀削去韧皮部，露出形成层。

图3-124　削接穗

将接穗插入砧木孔中，大小适宜（图3-125）；若过松，应将接穗剪去一部分，再插入，直至合适为宜。

将接口及接穗用厚度为0.008mm的地膜封闭（图3-126）。

图3-125　接合

图3-126　绑缚

四十、靠接

本法是将砧木与接穗靠在一起，故称靠接。根据砧木与接穗接合的方式，分为合靠、舌靠、镶嵌靠等几种方法。

在砧木适宜嫁接部位，轻削一刀，宽约0.6cm，长2.5～3.0cm，深达木质部，露出形成层（图3-127）。

在对应的接穗部位削出与砧木切面大小一致的削面。将砧木与接穗的削面靠在一起（图3-128），用厚度为0.008mm的地膜封闭接口，两端有缝隙处用湿泥堵严。

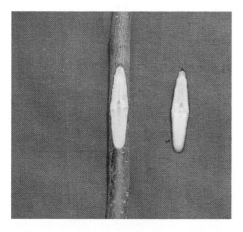

图3-127　切砧木

图3-128　接合

四十一、嵌腹接

在砧木中间部位的皮层开口，将接穗嵌入，故称嵌腹接。嵌腹接可不截断砧木，多用于砧木较粗时或填枝补空时采用。

在砧木适宜嫁接部位，选一光滑面，呈弧形上下各切一刀，取下树皮。在开口的左右各竖切一刀，长2.5～3.0cm，撕开树皮，并切除上半部（图3-129）。

　　将接穗削成长短两个削面，长削面长2.5～3cm，短削面长约0.5cm（图3-130），接穗留2～3个芽眼剪截。

　　将接穗插入砧木的切口中，长削面向内，短削面向外，使砧木留下的树皮包裹接穗（图3-131）。

　　用塑料膜扎紧、扎严切口，芽眼处用厚度为0.008mm的地膜单层包扎（图3-132）。

图3-129　切砧木

图3-130　削接穗

图3-131　接合

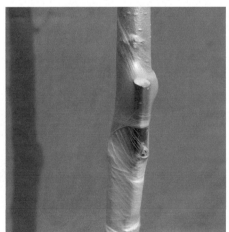

图3-132　绑缚

四十二、插皮接

本法接穗是插入砧木的皮层内，故称插皮接，又称为皮下接，在砧木皮层易剥离，且与接穗的粗度相差较大的情况下才使用。依据接穗处理的不同，实际生产中可以采用以下两种方法。

（一）插皮接①

即传统插皮接。在砧木适宜的嫁接部位，先平茬，再自上而下竖切一刀，长约3cm，用刀轻轻拨开砧木皮层（图3-133）。

削接穗时，要求接穗削面平滑，正面（大削面）长2.5～3cm，背面（小削面）长0.5～0.7cm，侧面观察接穗的入刀较深且入刀处带有一定的弧度（图3-134）。

将接穗的正面（大削面）朝向砧木的木质部，小削面朝向砧木的韧皮部，沿竖切口轻轻插入，插到接穗的大削面最上端离砧木平茬面0.5cm时停止（图3-135），绑缚同其他枝接。

图3-133　切砧木

图3-134　削接穗

图3-135 接合

（二）插皮接②

又称为改良插皮接。在砧木适宜的嫁接部位，先平茬，剪口或锯口呈 30° ～ 45°，再在剪口的上端自上而下竖切一刀，长约3cm，用刀轻轻拨开砧木皮层；在砧木剪口下端轻削一刀，创口长0.5 ～ 1cm（图3-136）。

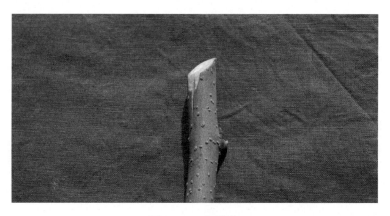

图3-136 切砧木

在接穗芽眼背面的下端向上轻削接穗，切口长3.5 ～ 4cm，宽2 ～ 3mm，将茎削成薄厚两部分，薄的部分去除残留木质部，保留韧皮部；再从较厚一侧削面芽眼下方斜削一刀，要求削面平滑，正面（大削面）长 2.5 ～ 3cm，背面（小削面）长0.5 ～ 0.7cm，侧面观察接穗呈薄楔形，削面入刀处带有一定的弧度（图3-137）。

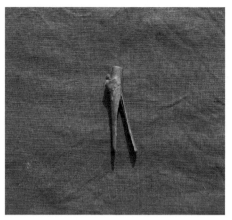

图3-137　削接穗

图3-138　接合

　　将接穗的大削面朝向砧木的木质部，小削面朝向砧木的韧皮部，沿砧木竖切口轻轻插入，插到接穗的大削面最上端离砧木平茬面0.5cm时停止，预留的接穗韧皮部沿砧木斜面下拉，并与砧木创口接合（图3-138），绑缚同其他枝接。

四十三、插皮舌接

　　本法是将接穗木质部呈舌状插入砧木的皮层内，故称插皮舌接。是目前核桃春季枝接的主要方法，也是成活率较高的枝接方法，适宜的嫁接时期是砧木萌动期。核桃接穗应于发芽前20 ～ 30天或前一年秋季树体落叶后采集，采后贮存于0 ～ 5℃的地窖内或阴凉处。嫁接前2 ～ 3天将接穗取出后剪段，剪留长度15 ～ 20cm，并用清水浸泡，使接穗充分吸水，使其萌动、离皮。接穗蜡封，待用。

　　在砧木基部锯3道螺旋形锯口放水，深达主干的1/5 ～ 1/4。锯断砧木，并削平锯口；然后在砧木平滑的一侧计划插接穗处，用利刀轻轻削去老粗皮，露出嫩皮（图3-139），削面长度略长于接穗削面长度，宽1 ～ 3cm，削去厚度3mm左右。如砧木细，可适当薄一些。在削面的中心位置竖切一刀，深达木质部，并撬开皮层。

　　在接穗的下端斜削一刀，削去部分占接穗粗度的2/3，上厚下薄；削面呈3～4cm长的马耳形斜面，削接穗削面的刀口一开始就向下凹，并超过髓心，呈马耳形向下斜削，然后剥开韧皮部（图3-140）。

　　捏开接穗马耳形削面尖端皮层，使其皮层、木质部分离，将接穗木质部插入砧木的韧皮部与木质部之间，露白0.5cm，接穗的皮层敷在砧木嫩皮上（图3-141），绑缚同其他枝接。

图3-139　切砧木　　　　　　　　　　图3-140　削接穗

图3-141　接合

四十四、插皮腹接

本法是在砧木的中间部位进行插皮接，故称插皮腹接。由于需要在砧木树皮易剥离时期进行，嫁接时期较单芽切腹接略晚，但最晚不宜超过花期。

在砧木适当位置横切一刀深达木质部，再在横切口的上方与枝干呈45°斜切一刀，深达木质部，长约2cm，并与第一刀交合；在第一刀中心位置向下竖切，深达木质部，长约3 cm，并用刀尖向左右两侧分开皮层，呈"T"字形开口（图3-142）。

接穗要求削面平滑，正面（大削面）长3cm，背面（小削面）长0.5 ~ 0.7cm（图3-143）。

图3-142　切砧木

图3-143　削接穗

将接穗正面（大削面）朝向木质部，小削面朝向韧皮部，沿砧木竖切口插入，插至接穗的大削面完全与砧木的木质部贴合（砧、穗削面上端平齐）后停止（图3-144），绑缚同其他枝接。

图3-144　接合

四十五、单芽切腹接

本法接穗用单芽，在砧木的中间部位或顶端斜切，插入接穗，故称单芽切腹接，仅需一把刀和修枝剪即可进行，属于目前嫁接速度最快的枝接方法。

在砧木距地（或基部）5 ~ 8cm处平茬，在平茬处用修枝剪斜剪一个长2.5 ~ 3cm的切口（图3-145）。

图3-145　切砧木

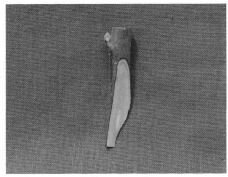

图3-146　削接穗

用修枝剪切削接穗，接穗要削出髓心；接穗留一个芽两面削成长2～3cm的斜面，芽眼侧稍厚，芽眼背侧稍薄，接穗留单芽取下（图3-146）；这样的接穗才会被砧木切口夹紧。

插入接穗时稍厚的一侧向外，稍薄的一侧向内，使砧木与接穗的形成层对齐（图3-147），绑缚同其他枝接。

图3-147　接合

四十六、单芽腹接

本法取接穗单芽，嫁接在砧木枝干的中部，故称单芽腹接。该法与嵌芽接的区别，一是嵌芽接砧穗粗度相差不大，单芽腹接可以相差较大；二是单芽腹接的砧木切削不伤或微伤木质部，而嵌芽接是切削砧木粗度的2/5左右。

（一）单芽腹接①

在砧木枝条的适宜嫁接部位自上而下斜削一刀，从表皮到皮层一直到木质部表面，向下切口长约3cm，再将切开的树皮切去1/2左右（图

3-148）。注意与嵌芽接的区别，嵌芽接的第一刀几乎垂直向下，第二刀斜削，与枝干呈45°，将砧木切开树皮去除4/5以上。单芽腹接①常用于砧木粗、接穗稍细的大树换头，常用于常绿果树。

图3-148　切砧木

图3-149　削接穗

削接穗时，第一刀在叶柄的下方1cm左右斜向纵切，深达木质部；第二刀在芽的上方约1.5cm处斜向纵切，深达木质部，并继续向下方削，直至两刀交汇，取下带木质部的盾形芽片（图3-149）。

将接穗芽片插入砧木切口，芽片下面的楔形部分要插入保留的树皮内，使树皮包裹住芽片的下伤口，形成层对齐，但要露出芽眼（图3-150），绑缚同其他芽接。

图3-150　接合

（二）单芽腹接②

砧木切削同单芽腹接①。在接穗下端芽眼的背面斜削一刀，成一长削面，长约2.5cm；在有芽眼的一面下端削一短削面，长约0.5cm，留单芽取下接穗（图3-151）。

将接穗插入砧木切口，长削面靠向砧木，短削面要插入保留的树皮内，使树皮包裹住接穗的伤口，形成层对齐（图3-152），绑缚同嵌腹接。

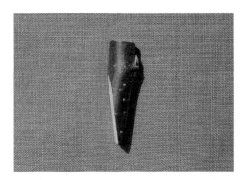

图3-151　削接穗

图3-152　接合

（三）单芽腹接③

切砧木同单芽腹接①。在接穗芽眼的背面轻削一刀，长约2.5cm，深度以刚露出木质部为度；在接穗的下端、纵削面对面削45°左右的短削面（图3-153）。

将接穗插入砧木切口，形成层对齐（图3-154），绑缚同嵌腹接。

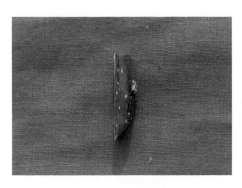

图3-153　削接穗

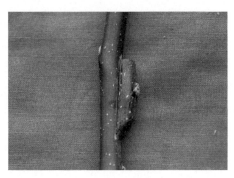

图3-154　接合

四十七、单芽插皮接

插皮接的接穗使用的是单芽，故称单芽插皮接。

砧木开口同插皮接。接穗削法同一般插皮接，只是留单芽剪截。

将接穗的正面（大削面）朝向砧木的木质部，小削面朝向砧木的韧皮部，沿砧木竖切口插入，插到接穗的大削面最上端离砧木平茬面0.5cm时停止（图3-155），绑缚同单芽贴接。

图3-155 接合

四十八、单芽切接

（一）单芽切接①

单芽切接①接穗采用的是单个芽片，尤其适宜柑橘等常绿果树的嫁接。砧木开口同切接。

在接芽的上方约1cm处剪断，在接芽下方约1cm处斜切一刀，再从上端剪口直径处向下竖切一刀，使两个刀口相接，取下芽片（图3-156）。

图3-156　削接穗

图3-157　接合

将接穗的长削面向内，短削面向外插入砧木切口，形成层对齐（图3-157），绑缚同单芽贴接。

（二）单芽切接②

砧木开口同切接。接穗的削法同切接，只是保留单芽。将接穗插入砧木切口，形成层对齐（图3-158），绑缚同单芽贴接。

图3-158　接合

（三）单芽切接③

砧木开口同切接。用嵌芽接的方法取下芽片。将接穗插入砧木切口，形成层对齐（图3-159），绑缚同单芽贴接。

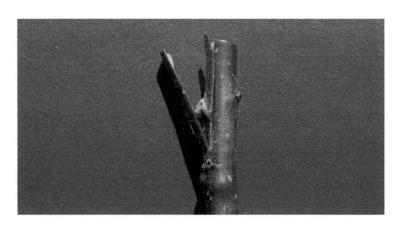

图3-159　接合

四十九、单芽嵌接

在砧木上开口，接穗用单芽嵌入，故称单芽嵌接。

在砧木适宜嫁接部位自上而下斜削一刀，从表皮到皮层一直到木质部，向下切口长约3cm。在第一刀的下端再斜削一刀，角度约为45°，取下盾形削片；再在砧木切口上端约0.5cm处平茬（图3-160）。

将接穗削成长短两个削面，长削面长2.5～3cm，短削面长约0.5cm，接穗留1个芽眼剪截（图3-161）。

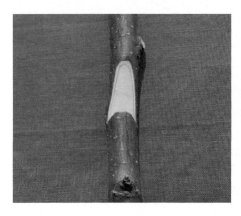

图3-160　切砧木

图3-161　削接穗

　　将接穗的长削面向内，短削面向外插入砧木切口，形成层对齐，如不能两侧对齐可一侧对齐（图3-162），绑缚同其他枝接。

图3-162　接合

五十、去皮贴接

　　该法将砧木切去一条树皮，在去皮处贴上接穗，故称去皮贴接。

　　在砧木截断面处，自上而下纵切两刀，深达木质部，长2～2.5cm，宽度要稍小于接穗的粗度；在纵切口下端横切一刀，取下韧皮部，切成一个长条形缺口（图3-163）。

　　在接穗下端芽眼的背面斜削一刀，成一长削面，厚度与砧木切口的深度一致，长度为2～2.5cm；在第一刀的背面再斜削一刀，长约0.5cm，成一小削面；再在削面的两侧各削一刀，使之与砧木切口大小吻合（图3-164）。

　　将接穗插入砧木切口，长削面靠向砧木，使砧、穗完全接合，形成层对齐（图3-165）。绑缚同其他枝接。

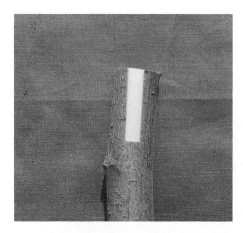

图3-163　切砧木

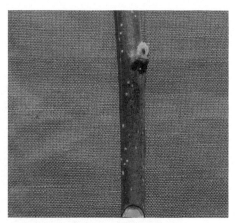

图3-164　削接穗

图3-165　接合

五十一、切贴接

砧木开口类似于切接法，接穗贴合在砧木上，故称切贴接。

在砧木上距地（或枝条基部）5～8 cm处平茬，在木质部一侧向下竖切，形成一个直切口，长3～3.5cm。在第一刀的下端再斜削一刀，角度约45°，取下已经切除的树皮（图3-166）。

接穗削法同去皮贴接，将接穗的长削面向内，短削面向外插入砧木切口，形成层对齐（图3-167）。绑缚同其他枝接。

图 3-166　切砧木

图 3-167　接合

五十二、楔接

原名镶嵌冠接法，蔡以欣称之为三角形嵌接法；高新一等称之为锯口接；在日本书籍中称为削切劈接、削片劈接；在欧美国家的英文直译名为切口嫁接、楔接。笔者认为还是称为楔接较为恰当，因为砧木的切口与接穗都是楔形。

将砧木在适宜嫁接处锯断，用刀削平，再用手锯自上而下斜锯裂口，裂口的长度为 4 ~ 5cm，宽要略超过接穗的粗度，用刀将锯口削平，使接穗能插入（图 3-168）。

接穗留 2 ~ 3 个芽眼，在其下端两面各削一刀，使之形成一侧厚一侧薄的楔形，背面看似三角形，削面长 4 ~ 5cm，要求平整、光滑（图 3-169）。

将接穗插入砧木锯口中，使厚侧左右两边的形成层与砧木两边的形成层对齐（图 3-170）。先用塑料条将砧木与接穗固定，再用塑料袋将接穗以及接口处整个套起来。

图3-168　切砧木

图3-169　削接穗

图3-170　接合

五十三、二重枝接

　　该法将中间砧与品种接穗同时接于基砧上，故称二重枝接。该法可以缩短育苗时间，主要用于苹果矮化中间砧苗木的培育。提前采集枝条充实、芽眼饱满、无病虫的矮化中间砧和品种接穗，剪成枝段并蜡封剪口沙贮；中间砧接穗剪截成25～30cm长。选择生长健壮、径粗0.8cm以上的海棠苗（基砧），距地5～8cm平茬，开口同劈接。操作时，先把品种接穗接于矮化砧枝段上，绑缚后在矮化砧基部削出适宜的削面，再将其嫁接在已定植的基砧上（图3-171），并用薄膜绑缚。接穗最好用蜡封处理，接穗不是蜡封的，要在嫁接口绑缚后用塑料袋套上。

图3-171　将已嫁接品种的矮化砧再嫁接在基砧上

五十四、镶接

该法是在砧木中间部位开口，将接穗镶入，故称镶接。

在砧木适宜嫁接部位自上而下斜削一刀，从表皮到皮层一直到木质部，向下斜切长约3cm。在第一刀的下端再斜削一刀，角度约为45°，取下带有木质部的盾形削片（图3-172）。

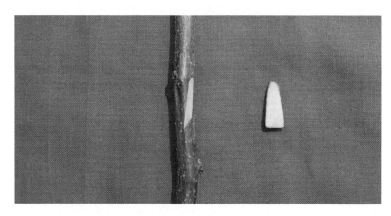

图3-172 切砧木

将接穗削成长短两个削面，长削面长2.5～3cm，短削面长约0.5cm（图3-173）。

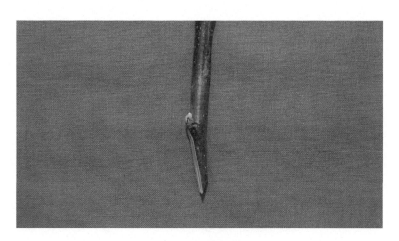

图3-173 削接穗

　　将接穗的长削面向内，短削面向外插入砧木切口，形成层对齐（图3-174），用塑料条或地膜绑缚。

图3-174　接合

五十五、交合接

　　本法为韩国金容九教授发明的枝接方法，具有接合牢固、抗风等优点，缺点是技术复杂，不易操作。

　　在砧木适宜嫁接部位与水平呈20°～30°锯断，自砧木截面高处垂直下切3.5cm左右，形成类似切接的切口；在砧木截面低处下方1.5cm自下而上切削，削取的皮层厚度为0.1～0.2cm（图3-175）。

图3-175　切砧木

　　接穗留5～6芽，自接穗截面一侧留0.1cm厚的皮层（稍带木质部）向上切削，长度约6cm，对应面也做同样切削，但去除皮层（图3-176）。将接穗中间的木质部剪去2.5cm（图3-177），并在下端由不带皮层一侧向带皮层一侧切削，角度为45°（图3-178）。

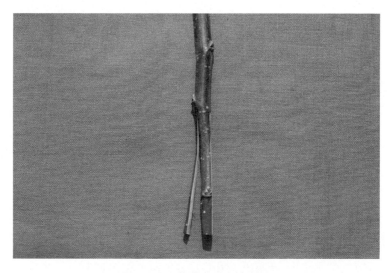

图3-176　接穗一侧去除皮层

图3-177　接穗中间的木质部剪去2.5cm

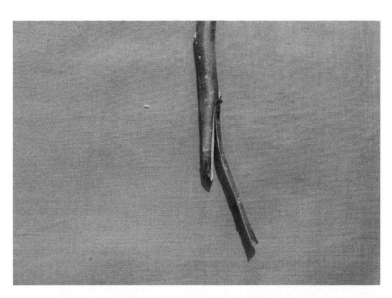

图3-178　接穗下端由不带皮层一侧向带皮层一侧切削

　　将接穗带有皮层的削面向内，不带皮层的削面向外插入砧木切口，形成层对齐，皮层跨过砧木横断面，并在砧木断面低处折下，使接穗皮层的形成层与砧木低处切面的形成层对齐（图3-179）。用塑料膜将砧木与接穗固定、密封，再用塑料袋将接穗以及接口套起来。

图3-179　接合

五十六、花芽嫁接

用带有花芽的枝条为接穗，当年嫁接，当年结果，故称为花芽嫁接。我国台湾地区由于高温、潮湿等因素，梨花芽分化不良，梨农大多采用花芽嫁接来进行梨果生产。台湾地区多采用切接进行花芽嫁接，胶东地区习惯用切腹接或单芽切腹接。嫁接时间自春季芽眼萌动初期开始，至花序分离期结束。

（一）单花芽嫁接

用单个花芽为接穗，要求花芽饱满，枝条充实。操作时，与苗木的单芽切腹接一样，只是接穗的削面要求稍长（图3-180），以增加砧穗间形成层的接触面积，缩短愈合时间。包扎时，用0.008mm厚度的地膜，芽眼单层包扎，其他处可以缠绕多道。要提前贮存花粉，嫁接的花芽开花后，要及时授粉，以保证坐果。

图3-180　单花芽嫁接

（二）多花芽嫁接

　　利用多个花芽为接穗，要求花芽饱满，枝条充实，接穗要蜡封。操作时，与普通切腹接一样，只是接穗的削面要求稍长，只需将嫁接口包扎严密，接穗其他部分由于进行了蜡封处理，无需包扎（图3-181）。提前贮存花粉，开花后及时授粉，以保证坐果。

图3-181　多花芽嫁接

五十七、鞍接

　　接穗像马鞍一样与砧木接合，故称鞍接，实际就是倒劈接，适宜接穗较粗、砧木较细时采用。

在砧木适宜嫁接部位，选一光滑面，左右各削一刀，长2.5 ~ 3.0 cm，呈楔形；一侧稍厚，另一侧稍薄（图3-182）。切削程度以两侧稍微露出枝条髓部为宜，削面要平整、光滑、不起毛。

图3-182　切砧木

在接穗基部断面中间劈一个垂直的劈口，深度为3.5cm左右（图3-183）。

图3-183　削接穗

　　将砧木插入接穗的切口中，厚的一侧向外，薄的一侧向内，使砧穗外侧的形成层对齐（图3-184），砧木露白0.5cm以利伤口愈合；用塑料条包扎嫁接口。

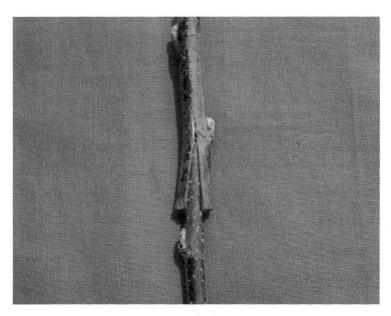

图3-184　接合

五十八、绿枝嫁接

（一）绿枝劈接

　　将砧木平茬，并从中间劈开，形成一个直的切口，长2.5 ~ 3cm。将绿枝接穗（半木质化程度以上）削为两个相近似的削面，要求芽眼的一侧稍厚，芽背侧稍薄，长2.5 ~ 3cm，削面平滑，接穗留1个芽。将接穗从中间插入砧木切口，厚的一侧向外，薄的一侧向内，砧穗形成层至少一侧对齐（图3-185）。绑缚同春季枝接。

图3-185　绿枝劈接接合

（二）绿枝切接

　　将砧木平茬，在木质部一侧向下竖切，形成一个直的切口，长2.5～3cm。将半木质化程度以上的绿枝接穗削成长短两个削面，长削面长2.5～3cm，短削面长约0.5cm；自侧面观察，削面光滑、顺畅，接穗留1个芽。将接穗的长削面向内，短削面向外插入砧木切口，形成层对齐（图3-186）。绑缚同春季枝接。

图3-186　绿枝切接接合

（三）绿枝插皮接

将砧木平茬后，自上部向下竖切一刀，用刀轻轻拨开韧皮部。绿枝接穗要求成熟度半木质化以上。削接穗时，要求削面平滑，正面（大削面）长3～4cm，背面（小削面）长0.5～0.7cm。将正面（大削面）向木质部，小削面向韧皮部，沿砧木竖切口轻轻插入，插到接穗大削面的最上端离砧木削面0.5 cm时停止（图3-187）。绑缚同春季枝接。

图3-187　绿枝插皮接接合

（四）绿枝舌接

将砧木自下而上削成2.5～3cm长的斜面，然后在削面顶端1/5处，顺着枝条往下劈，劈口长1.5～2cm，呈舌状。绿枝接穗要去掉叶片，保留叶柄。在接穗芽下背面削成2.5～3 cm长的斜面，劈口与切砧木一致。将接穗的劈口插入砧木的劈口中，使砧木和接穗舌状交叉起来，形成层对齐，向内插紧（图3-188）。绑缚同春季枝接。

图3-188　绿枝舌接接合

五十九、绿枝单芽嵌接

该法系笔者进行嫁接操作时发现的嫁接方法，应用在苹果、梨等树种，效果很好。当嫁接需要在二年生枝部位上进行，且需用绿枝为接穗，此时砧木树皮虽易剥离，但当出现砧木与接穗粗度相近，无法采用绿枝插皮接的情况下，作为春季枝接未成活的补接，或需要降低嫁接部位高度时采用，是其他嫁接方法无法替代的（图3-189）。

砧木切口与单芽嵌接一样。接穗要求成熟度半木质化至木质化，削法同单芽嵌接，只是保留单眼。砧穗接合时，注意接穗的小削面要与砧木下端的切口对齐，接穗与砧木一侧的形成层也要对齐。绑缚同春季枝接。

图3-189　绿枝单芽嵌接

六十、绿枝插皮腹接

该法系笔者进行嫁接操作时发现的嫁接方法，应用在苹果、梨、李、杏等树种，效果很好。不仅可以作为春季枝接未成活的补接，而且对于名贵品种可以提高接穗的繁育率。

砧木开口与插皮腹接一样。绿枝接穗要求半木质化程度以上，削法、插入与插皮腹接相同，保留单芽。用厚0.006mm的薄膜全包扎，芽眼处只缠一层薄膜；嫁接成活后接芽自行突破薄膜（图3-190）。

图3-190　绿枝插皮腹接成活状

六十一、嫩梢嫁接

传统嫩梢嫁接一般采取嫩梢劈接，与绿枝劈接操作几乎一样，但要注意以下几点。

砧木最好处在半木质化程度以下，越嫩越好，以能劈口、绑缚为准。削接穗时，要注意正面、背面、侧面的均衡，不能切削得过重。接穗削好后，一定要用厚0.004 mm的薄膜全包扎（图3-191），注意芽眼处只缠一层膜；薄膜超过这个厚度，芽不易突破薄膜；不包扎，嫩梢干枯，不能成活；包扎时，要使接穗不透水、不透气。

图3-191 嫩梢用厚0.004 mm的薄膜全包扎

插入接穗时，要注意砧穗的形成层对齐（图3-192）。包扎一定要严密，伤口不能露出。解绑日期为接穗萌发后15天左右，以砧、穗处没有产生绞缢现象为准。

图3-192 接合

六十二、嫩梢插皮腹接

    该法系笔者进行嫁接操作时发现的嫁接方法，应用在苹果、梨、李、杏等树种，效果很好。这种嫁接方法能更有效地利用名贵果树品种的接穗嫩梢（传统嫁接方法，嫩梢一般都弃之不用）和砧木充足的营养条件，愈合快，萌发早，一般嫁接后7～10天接芽萌发而且长势旺；5月上旬嫁接，6月下旬即可采集接穗，属于高效繁殖名贵品种接穗的重要技术措施。

    砧木开"T"字口，与插皮腹接一样。削接穗时，要求削面平滑，正面（大削面）长3～5cm，背面（小削面）长0.5～0.7cm，小削面与轴线呈30°角；自侧面观察，整个接穗光滑、顺畅（图3-193）。

图3-193　嫩梢削接穗

    将接穗正面（大削面）朝向木质部，小削面朝向韧皮部，沿砧木竖切口轻轻插入，插到接穗的大削面完全与砧木的木质部贴合（砧、穗削面上端平齐）后，停止（图3-194）。绑缚同绿枝插皮腹接，由于接穗较长，缠薄膜时芽眼处只缠绕一层，其他处可以缠绕多层。

图3-194　接合

六十三、扦插嫁接

胶东地区果农称为插棒接，就是嫁接和扦插同时进行的方法，对难以发根的砧木不能采用这种方法。

如嫁接大樱桃用易生根的单樱为砧木，冬季落叶后选取直径0.5 ～ 0.8cm的当年生枝条，剪成长度为15 ～ 20cm的插条（图3-195），捆成捆后沙藏。将需要嫁接的大樱桃品种也在冬季修剪时剪取，成捆后沙藏。

春季地温达到10℃以上时，将砧木插条取出，洗去沙土，晾干。用舌接的方法进行切砧木和削接穗，进行嫁接，砧穗的接合要牢固，接合处用自粘胶带绑缚（图3-196），或接芽及嫁接口用一层厚度为0.008mm以下的地膜包扎，低温处沙藏15天左右，泡生根剂后扦插到大田。

图3-195　剪砧木　　　　　　　　　图3-196　嫁接后包扎

六十四、子苗嫁接

该法在大粒砧木种子萌发后的子苗胚轴上平茬开口，插入接穗，故称子苗嫁接。常用在板栗苗木的繁殖上，该技术始于20世纪60年代，初期嫁接成活率较低，80年代后经过技术改进，成活率大幅提高，目前可以达到85%以上。优点是当年出圃优质苗木；缺点是技术要求稍严，操作步骤稍显复杂。

在子苗胚轴上留2.5 ~ 3.0cm切断，从胚轴的中间劈开，深1.5 ~ 2.0cm（图3-197）。

接穗选取与砧木粗度相近的，芽眼饱满，削法同劈接。将接穗插入砧木切口，形成层对齐（图3-198）。

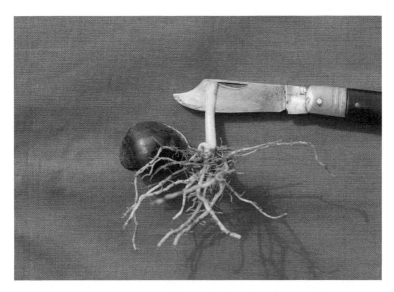

图3-197　切砧木

图3-198　接合

　　笔者认为绑缚材料可以就地取材，用木槿树皮等韧性强的树皮（去除表皮，切细，成线）包扎，入土后基本30天左右即可腐烂。嫁接后，要立即定植，根部可以浇水，但是嫁接口处不能灌水，待水渗入后培土保湿。

六十五、芽枝合接

一种应用于苹果、梨矮化中间砧苗木繁育的嫁接方法，国内有的资料称为复式嫁接。

所谓芽枝合接就是利用当年或去年秋季已经芽接品种的矮化砧枝段作接穗（图3-199），当年（6月份）将矮化砧枝段留25～30cm绿枝嫁接在基砧上（图3-200），采用绿枝嫁接的绑缚方法（缠膜或套塑料袋保湿），当年秋季出圃的嫁接方法。

矮化砧芽接品种的方法可以采用"T"字形芽接、嵌芽接、贴芽接、单芽贴接、芽片插皮接等，其中以贴芽接方法速度较快、效率高。枝接的方法可以采用合接、凹凸枝接、牙签枝接、舌接、插皮接等绿枝嫁接的方法，其中以合接速度较快。

图3-199 剪取已经芽接品种的矮化砧作接穗

图3-200 矮化砧留25～30cm绿枝嫁接在基砧上

六十六、蕉皮接

系国外传入的嫁接方法，主要应用在难以嫁接成活的果树，如核桃、柿、板栗等，又称为蕉皮式枝接。

在砧木适当位置平茬，自平茬口向下均开四刀，长度约为2.5cm，向下撕开韧皮部，剪去中间的木质部（图3-201）。

图3-201　切砧木

削接穗时，要求削成四个削面（图3-202），削面长而平，长度稍长于砧木撕开的韧皮部，约为3cm。

将接穗四个削面对准砧木的四面韧皮部，插入接穗，合拢韧皮部，接穗削面稍微露白0.5cm（图3-203）。绑缚同其他枝接。

图3-202　削接穗

图3-203　接合

六十七、槽接

该法砧木用"U"形刀开槽，接穗下端剥皮后嵌入砧木槽形创口，故称槽接。在砧木一侧，用"U"形刀开槽，长度3cm左右，深度0.3cm左右（图3-204）。

在接穗接芽下距离下端剪口3cm左右，将芽眼背面约1/2左右的韧皮部去除，下端削成约45°的斜茬；将接穗嵌入砧木槽中（图3-205）。绑缚同其他枝接。

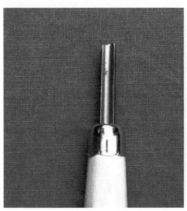
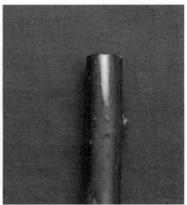

图3-204　切砧木

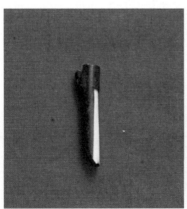
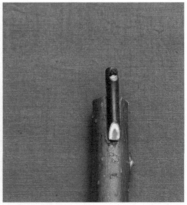

图3-205　削接穗及接合

六十八、凹凸枝接

　　该法将砧木与接穗用嫁接器打成凹凸形，称为凹凸枝接。砧木也可以用嫁接刀呈"V"字形开口，接穗削成"A"字形，又称为"V"字形枝接。

　　在砧木适宜的嫁接部位，先平茬，再用嫁接器开凹形创口，创口深约1.5cm。在接穗芽眼下端用嫁接器开凸形创口（图3-206）。

　　将接穗凸形创口插入砧木凹形创口，保证一侧形成层对齐（图3-207）。绑缚同其他枝接。

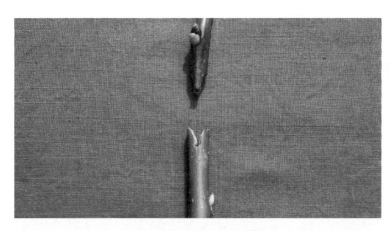

图3-206　切砧木与削接穗

图3-207　接合

六十九、双嵌接

该法较双切接砧穗的接触面更大，接触面形成层保存更为完整，其嫁接成活率、嫁接部位愈合质量均优于双切接，但是嫁接速度较慢。

接穗芽下距芽眼3 cm处剪成45°的小削面，在接穗削面下端深达木质部0.5cm向上纵切一刀，长2 ~ 2.5cm，剔除皮上的木质部，将"皮"留成长削面，在长削面的背面略短于长削面1cm处横切一刀，切断约1/2的"皮"层，再据砧穗粗细平行纵切两刀，呈"Ⅱ"形，撕下"皮"留下"槽"。采用与接穗相同的办法，将砧木削好（图3-208）。

将砧穗长削面对好，分别将砧、穗的"皮"嵌入对方的"槽"中（图3-209），绑缚同其他枝接。

图3-208　削接穗与切砧木

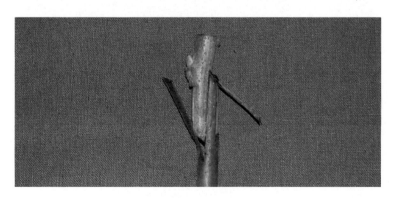

图3-209　接合

七十、嵌腹接

将砧木平茬，在其光滑面平行纵切两刀，深达木质部，宽度与接穗等宽或稍宽于接穗，长4～4.5cm，分别在离纵切口上端约1cm和1.5cm处各横切一刀，深达木质部，然后将两横切口中间的树皮去掉。

在接穗的一饱满芽的上端0.5cm处向上剪成45°左右的小斜面，采用同样的方法于芽下端2～3cm处向下剪成小斜面，整个接穗长3～4cm，在芽下1cm处（核桃紧贴叶柄处）将剪好的接穗横切一刀，深达木质部，宽度为接穗的1/2，横切口两端再纵切两刀，使切口呈"Ⅱ"形，然后在芽的背面向下纵切一刀，刚达木质部，再将整个削面取直，将芽下的"Ⅱ"形"皮"撕去（图3-210）。

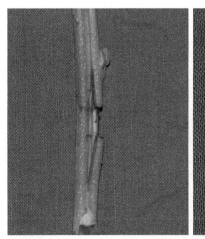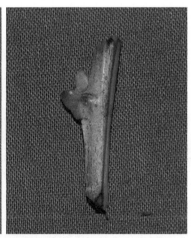

图3-210　切砧木与削接穗

将砧木上下的"皮"翘起，插入接穗，将砧木上面的"皮"贴在接穗芽上端的45°斜面上，下面的"皮"贴在接穗下端的45°斜面和撕去树皮的部位（图3-211）。绑缚同其他芽接，核桃等树种露出芽和叶柄。

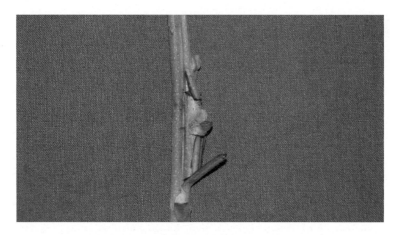

图3-211　接合

七十一、插劈接

国外春季大树高接换头的方法之一，具有可以流水作业、嫁接效率高、成活率高等优势。适宜砧木较粗、接穗较细的情况下采用，省去劈接开口的麻烦，省工省时，具有插皮接和劈接的双重优势。

砧木开口同插皮接，只是皮层的竖切口只开一侧；接穗采用劈接削法；接合是从砧木开口的一侧自上而下插入（图3-212）；绑缚同其他枝接。

图3-212　切砧木与接合

七十二、牙签枝接

该法的砧木与接穗枝条是用牙签接合，故称为牙签枝接。

在砧木与接穗粗度相同的部位平茬，剪口要平滑。在接穗芽眼上方0.5cm左右、下方2cm左右，将接穗剪断，将牙签插入接穗中心的髓部；将接穗下端与砧木上端创口接合（图3-213）。绑缚同其他绿枝嫁接。

图3-213 牙签枝接

七十三、高接与桥接

（一）高接

将接穗嫁接在果树树冠各级枝干上，一般嫁接的部位较高，故名高接。高接分为主干高接、主枝高接、多头高接、连续高接等。幼树一般采取主干高接，密植园一般采取主枝高接，稀植大树一般采取多头高接和连续高接。以果树的主干为砧木的高接，叫主干高接；以树冠中的主枝为砧木进行高接，叫主枝高接；以大树的原有多个骨干枝或枝条为砧木，改接上一个优良品种的多个接穗，使其成为一株新品种的大树，叫多头高接（图3-214）；以一个主枝为砧木，间隔一定距离连续进行高接，叫连续高接。

图3-214　多头高接

此法对改劣种为良种，迅速恢复原有树冠及产量，达到优质、丰产有极大的作用。高接可以在春季采用枝接一次完成，也可以春季枝接为主，夏季芽接为辅两次完成。春季多采用单芽切腹接、劈接、切接、插皮接、插皮腹接等接法；夏季可以采用贴芽接、嵌芽接、"T"字形芽接、绿枝插皮腹接、嫩梢插皮腹接等接法。

（二）桥接

利用大树基部萌条，或单独采用一支长梢接穗，越过病疤或伤口与砧木接合，类似于搭桥，故称桥接。常在大树病疤补救或改良小脚病中采用。

1. 春季桥接

春季桥接采用插皮腹接、靠接等方法（图3-215）。

图3-215　插皮腹接与靠接

若病疤下部有萌条，可以利用萌条直接越过病疤进行嫁接；若病树基部有萌条，也可从基部越过病疤嫁接（图3-216）；若没有萌条，可以在其旁边另植壮苗进行嫁接。若病疤离地较远，基部萌条或另植壮苗无法接近，可以选用壮条，在病疤两端开"T"字口，进行插皮桥接。绑缚时，要先用地膜包扎嫁接口，并用湿土封闭透气的缝隙，使之不透水、不透气。

图3-216　越过病疤进行嫁接

2.夏秋季桥接

夏秋季采用绿枝插皮腹接，方法与春季插皮腹接基本一致，只是注意选用的接穗必须达到完全木质化，接穗的削面稍长，绑缚用厚度0.006mm地膜全包扎，接穗不能外露。

七十四、倒插皮腹接

倒插皮腹接是插皮腹接的反向使用（图3-217），适宜苹果、梨、板栗、核桃等大树高接换头，尤其适宜改造成主干形、纺锤形的树形；具有生长势缓和、成花快、恢复产量快的优势，是近几年春季大树高接换头的主流方法，尤其适宜核桃、板栗等生长旺盛的树种。

图3-217　倒插皮腹接

七十五、腹舌接

在砧木适宜嫁接部位选一平滑面，以嵌芽接切削砧木的方式对砧木开口；再在削面的2/3处向下斜削一刀，似舌接砧木的切削。接穗的切削同舌接，如图3-218所示。

将接穗插入砧木，使之形成层对齐（图3-219）；也可以在接穗与砧木的接触面补一刀，以增加砧穗的接触面积（图3-220）。绑缚同一般枝接。

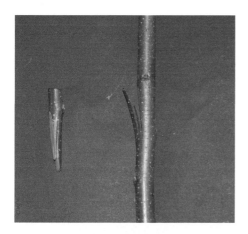

图3-218 削接穗与切砧木

图3-219 接合

图3-220 增加接触面积

参考文献

[1]蔡以欣.植物嫁接的理论与实践.上海：上海科学技术出版社，1957.

[2]李继华.嫁接的原理与应用.上海：上海科学技术出版社，1980.

[3]李继华.嫁接图说.济南：山东科学技术出版社，1986.

[4]町田英夫，等.花木嫁接技术.北京：农业出版社，1986.

[5]邢卫兵，等.果树育苗.北京：农业出版社，1991.

[6]王昌荣.树木嫁接.长沙：湖南科学技术出版社，1979.

[7]马宝焜，等.果树嫁接16法彩图详解.北京：中国农业出版社，2003.

[8]孙岩，等.果树嫁接新技术图谱.济南：山东科学技术出版社，2003.

[9]高新一，等.林木嫁接技术图解.北京：金盾出版社，2009.

[10]高新一.果树嫁接新技术.2版.北京：金盾出版社，2009.

[11]陈海江，等.果树苗木繁育.北京：金盾出版社，2010.

[12]刘湘林，等.核桃枝接新方法——双嵌接和嵌腹接.经济林研究，2009，27（2）：150-152.

[13]刘湘林，林石添.双切嫁接对板栗春接成活率的影响.果树学报，1996（2）：111-112.

[14]于新刚.果树嫁接50法图解.北京：化学工业出版社，2015.